设施蔬菜

环境精准监测与调控技术研究

◎ 秦磊磊　尚明华　等　著

 中国农业科学技术出版社

图书在版编目（CIP）数据

设施蔬菜环境精准监测与调控技术研究 / 秦磊磊等著. ——北京：
中国农业科学技术出版社，2023.7

ISBN 978-7-5116-6375-7

Ⅰ.①设… Ⅱ.①秦… Ⅲ.①蔬菜园艺—设施农业—农业
环境—环境监测—研究 ②蔬菜园艺—设施农业—农业环境—调
控—研究 Ⅳ.①S626 ②X322

中国国家版本馆CIP数据核字（2023）第138743号

责任编辑　李　华
责任校对　李向荣
责任印制　姜义伟　王思文

出 版 者　中国农业科学技术出版社
　　　　　北京市中关村南大街 12 号　邮编：100081
电　　话　（010）82109708（编辑室）　（010）82109702（发行部）
　　　　　（010）82109709（读者服务部）
网　　址　https：// castp.caas.cn
经 销 者　各地新华书店
印 刷 者　北京建宏印刷有限公司
开　　本　170 mm×240 mm　　1/16
印　　张　8.75
字　　数　157 千字
版　　次　2023 年 7 月第 1 版　2023 年 7 月第 1 次印刷
定　　价　76.00 元

《设施蔬菜环境精准监测与调控技术研究》
著者名单

主　著：秦磊磊　尚明华

副主著：穆元杰　李乔宇

参　著：李清明　陈英义　王富军

　　　　董　暐　赵庆柱　欧阳美

前 言 »»»——————————————————————————»»»

　　设施蔬菜是指具有一定的设施，能在局部范围改善或创造适宜的气象环境因素，为蔬菜生长发育提供良好的环境条件而进行的生产模式。由于蔬菜设施栽培的季节往往是露地生产难以达到的，通常又将其称为反季节栽培、保护地栽培等。采用设施栽培可以达到避免低温、高温、暴雨、强光照射等逆境对蔬菜生产的危害，已经被广泛应用于蔬菜育苗、春提前和秋延迟栽培。设施蔬菜属于高投入、高产出，资金、技术、劳动密集型的产业。设施蔬菜发展的速度和程度，是一个地方农业现代化水平的重要标志之一。

　　本书详细介绍了设施蔬菜环境精准监测系统及其关键技术与装备。第1章，详细介绍了设施蔬菜环境测控系统的背景和意义，以及国内外发展现状及趋势等。第2章，对设施蔬菜精准监测和智能调控系统及相关关键技术进行了详细阐述，包括智能网关设备、无线通信节点设备、温室大棚精准调控装备以及设施蔬菜环境精准监测与调控云平台等，重点介绍了设施蔬菜智能化模型，设施蔬菜环境因子变化规律及其影响因素，拱棚结构数值建模与求解，设施蔬菜环境精准调控算法等关键技术的研究过程和重要发现。第3章，对本书进行了研究总结。

　　本书中介绍的设施蔬菜生产环境多参数一体化云端智能感知设备可以实时监测土壤温度、土壤水分、空气温湿度等参数并上传至云平台，具有自动采集、自动记录、实时传输等功能。而调控系统包括但不限于自动通风、自动遮阳、自动卷帘、自动补光、自动水肥等一系列功能，通过生产环境信息采集设备采集的参数，经过大数据模型的综合判断，能够调控出最适合蔬菜生长的环境。设施蔬菜物联网云平台是针对设施蔬菜产业发展现状和对智慧农业发展的迫切需求，利用物联网、大数据、云计算等技术研发的一套农业物联网整体解决方案。通过设施蔬菜物联网云平台，用户可借助智能手机、电脑等终端设备实现设施蔬菜生产现场数据实时监测、视频监控、智能分析和远程控制。此外，还研发构建了设施蔬菜病害识别模型和水肥需求模型，有助于对设施蔬菜进行病害预警处理，并能够更好地对蔬菜作物进行需水预测和精准施肥。

本书内容具有以下特点。

一是科学种植。通过传感器数据分析可以实时采集作物生长环境数据。

二是精准控制。通过部署的各种传感器，系统按照作物生长的要求对设施环境的温湿度、二氧化碳浓度、光照强度等进行实时调控。

三是提高效率。与传统农业种植方式不同，实现了自动化、智能化和远程化，比手工种植模式更精准、更高效。

四是绿色农业。传统农业很难将种植过程中的所有监测数据完整记录下来，而通过各种监控传感器和网络系统将所有监控数据上传保存，便于进行农产品的追根溯源，实现农业生产的绿色无公害化。

对设施蔬菜生长环境的空气温度、土壤温度、空气湿度、土壤含水量、光照强度、CO_2 浓度、土壤 pH 值、土壤 EC 值等环境参数进行实时采集、监测、传输、存储，结合设施蔬菜生长发育期环境需求、水肥需求、病虫害防治等模型，进行设施蔬菜生产环境的智能感知、智能分析、智能决策、智能预警，最终实现设施蔬菜生长全程智能管控，是我国设施蔬菜产业发展的必然趋势。而以设施蔬菜精准监测与调控为代表的农业信息技术则是信息化与农业深度融合的重要切入点，是推动我国精细农业应用于实践的重要驱动力，是未来农业经济和社会发展的重要方向。

因水平所限，书中疏漏在所难免。如有任何建议和意见，欢迎与著者联系。

著　者

2023 年 6 月

目录 ⫸ ⫸⫸⫸⫸

1 研究概述

1.1 背景和意义

　　山东是蔬菜第一大省，在全国蔬菜产业中的地位十分突出。自 20 世纪 90 年代以来，全省蔬菜面积、产量、产值、商品量等主要指标，一直位居全国首位。目前，山东蔬菜播种面积约占全国的 1/10，总产量约占全国的 1/7。2015 年蔬菜产值 2 142.27 亿元，约占全省农业产值的 43.45%，在全国和全省都具有举足轻重的地位。其中，以日光温室、大中拱棚为代表的设施蔬菜产业取得了快速发展，截至 2020 年底，山东全省设施蔬菜播种面积达到 1 450 万亩①左右（其中日光温室 450 万亩，大中拱棚 690 万亩，小拱棚 310 万亩），约占全国设施蔬菜的 1/4。设施蔬菜产品质量安全水平不断提高，品牌不断发展壮大，生产、加工、市场、流通各环节相衔接的产业化格局已经基本形成。

　　虽然山东设施蔬菜产业的多数指标均处于全国领先地位，但与荷兰、以色列等发达国家相比还存在一定差距，与兄弟省份相比也有一些不足的地方，不能适应现代蔬菜产业发展的趋势和要求，突出表现在以下几个方面。

　　一是设施装备和自动化、智能化水平不高。山东早期发展的日光温室、大中拱棚等生产设施，建造标准低、设施设备不配套，设施内温、光、水、肥、气等小气候环境调控能力差，低温高湿加重了作物病害的发生和蔓延；缺乏信息化基础设施，尤其是信息化装备水平较低，管理粗放，水肥资源浪费现象突出；过量施肥加剧了连作障碍，导致了土壤酸化、次生盐渍化、养分和生态失衡等一系列问题；设施环境信息采集和管理措施滞后，劳动强度大，生产效率低，抗灾减灾能力弱，容易受极端灾害天气影响。

　　二是设施蔬菜信息技术创新能力有待加强。在设施蔬菜精准生产技术创新方面，跟发达国家相比，山东在主要设施和蔬菜类型精准化管理规程的制定实施、精准化环控模型研究开发等方面仍相对落后，仍缺乏成熟、可靠、易用的设施环境精准监测和智能调控装备，市面上已有的多数产品综合性能不够理想，难以适应规模化设施栽培和精细化生产管理的需要。

　　三是劳动力瓶颈越来越凸显。从事设施蔬菜生产的青壮年劳动力缺

---

　　① 1 亩≈667m²，1hm²=15 亩，全书同。

乏，劳动力成本节节攀升，从业者科技文化素质低、操作技能差等问题，已成为制约设施蔬菜进一步发展的瓶颈。山东作为蔬菜大省，加强信息技术研究开发，推进实现设施蔬菜精准化生产管理，降低劳动强度，提高劳动生产效率，成为解决"谁来种菜"问题的十分现实和迫切的突破口。

基于以上问题，山东蔬菜优势地位出现弱化趋势。近年来，周边省份发展蔬菜生产的势头很猛，相比而言，山东的科技创新力度亟须加强，特别是信息技术在设施蔬菜生产上的应用和普及，以进一步巩固和增强产业发展的优势地位。

山东作为科技部、中组部、工信部联合批复的国家农村农业信息化示范省第一个试点省份，先后开展了农村农业综合服务平台和蔬菜等专业信息服务系统的开发建设，在蔬菜生产信息化方面做了大量工作，并取得了显著成效。本研究针对山东现阶段设施蔬菜生产过程中存在的突出问题，在充分利用国家农村农业信息化示范省的相关建设成果的基础上，通过产学研用协同攻关，将物联网、大数据、移动互联、人工智能等技术手段在设施蔬菜生产领域进行集成和创新，实现智能化调控和精准化管理。

1.2　国内外发展现状及趋势

美国等农业发达国家在设施农业上起步较早，在设施蔬菜精准管控领域已经发展到非常高的水平。20 世纪 70 年代以来，国外发达国家一直致力于把自动化技术应用于设施蔬菜的耕种、施肥、灌溉、病虫害防治、收获以及农产品加工、储藏、保鲜的全过程。随着计算机、物联网及信息化技术的运用，国外温室环境智能化管控技术和自动化管理技术得到较快的发展。美国开发的设施作物自动化生产管理和环境智能化控制体系，实现了从育苗、定植、栽培、施肥、灌溉等过程全部自动化运作，温室环境如温度、光照、湿度、水分、营养、CO_2 浓度等综合环境因子全部采用计算机智能监控和调控。以色列的温室大棚内安装了传感器，通过计算机收集和存储温室大棚内外环境数据，通过程序进行数据分析，遥控灌溉和施肥，系统还可自动控制卷帘、热屏遮阴系统、加热系统以及灌溉区的流量控制系统。日本、韩国等国研究开发了多种设施蔬菜智能装备，如自动灌水施肥装备、自动除虫除草装备以及自动播种育苗装备等，提高了设施大棚的管理水平和劳动生产效率。美国、日本、荷兰研发出一种基于控制器局域网总线（CAN）和无线传感器网络（WSN）的控制系统，能够对温室内空气温湿度、土壤温湿度以及光照等参数进行自动采集，同时自动控制风机、暖气、水泵等温室环境调控设备，使温室环境达到农作物生长的最佳环境。以色列和荷兰开发出番茄和黄瓜等蔬菜作物生育模型和专家系统，针对作物不同生育阶段的环境需求、水肥需求、病虫害防治要点等，开发出作物全生育期环境控制模型，并根据模型对设施环境进行智能管控。荷兰瓦赫宁根大学通过将作物管理模型与环境控制模型相结合，实现温室环境的智能化管理，大幅度降低了温室系统能耗、人力和运行等成本。以色列开发出太阳能杀灭温室土壤病虫害新技术，把灌溉系统安置在翻耕的土壤中，铺上一层薄薄的透明塑料膜，经过夏季高温处理，可杀死地表 30cm 土壤层中 90% ~ 100% 的细菌、真菌以及线形蠕虫等。目前，发达国家设施蔬菜生产基本实现了自动化和智能化，可智能管控设施内温、光、水、肥、气等环境因素，为作物生长提供最佳环境，提高了劳动生产率，改善了设施生产劳动环境，提高了水肥利用率，具有较高的生产效益和经济效益。

我国设施蔬菜产业最大特点是简易、低成本设施居多。一直以来，我国设施蔬菜生产发展在很大程度上受制于自然气候变化，技术研发更多关注对自然光、温等条件的利用，设备、农艺等研究也更侧重对环境的适应。虽然很多研发团队也开发了诸如温室太阳能补温、电热增温、静电除雾、水肥一体化灌溉、施肥施药等智能化装备，但是在生产实践中还没有得到大范围的推广应用。近年来各地相继引进国外大型智能连栋温室，同时引入国外技术团队参与管理，形成新一轮国外温室建设发展热潮，但是环境条件差异以及高成本等因素制约了其真正效能的发挥，导致了我国设施蔬菜单产水平总体还处于中等水平，如北京设施番茄单产为 $30kg/m^2$，仅为发达国家的 42% 左右。目前，我国设施蔬菜机械化和智能化水平不高，生产过程中的环境管理、灌溉、施肥等绝大部分工作都依靠人工来完成，自动化程度低、劳动强度大、生产效率低，严重制约了我国设施蔬菜产业的发展。

利用计算机、互联网、物联网、信息化等技术，对设施蔬菜生长环境的空气温度、土壤温度、空气湿度、土壤含水量、光照强度、CO_2 浓度、土壤 pH 值、土壤 EC 值等环境参数进行实时采集、监测、传输、存储，结合设施蔬菜生长发育期环境需求、水肥需求、病虫害防治等模型，进行设施蔬菜生产环境的智能感知、智能分析、智能决策、智能预警，最终实现设施蔬菜生长全程智能管控，是我国设施蔬菜产业发展的必然趋势。

2 研究过程

2.1 设施蔬菜生产环境多参数一体化云端智能感知设备研制

本研究重点突破传感器在线校准和动态标定、环境数据无线采集和设备自供电等技术瓶颈，开发系列化农用传感器在线校准引擎，研制开发了低成本、低功耗、精准可靠、易于安装布设的多参数一体化云端智能感知设备，自动识别作物生长环境和状态，如图 2-1 所示。

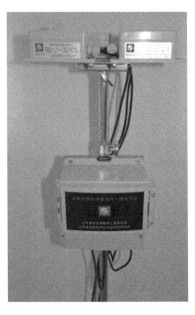

2.1.1 性能参数

核心处理器：72MHz；

内存：1k；

本地通信方式：433M 无线；

远程通信方式：以太网或 GPRS 二选一；

采集频率：可进行远程设置和调整；

图 2-1 多参数一体化云端智能感知设备

工作温度： -40~85℃；

防水等级：IP65；

供电方式：太阳能供电，至少支持连续 5 个阴雨天正常工作。

2.1.2 功能特点

设施蔬菜生产环境多参数一体化云端智能感知设备可以实时监测土壤温度、土壤水分、空气温湿度等参数并上传至云平台，具有自动采集、自动记录、实时传输等功能。设备采用模块化设计，可根据用户需要灵活增加或减少相应模块和传感器，任意组合、方便快捷，可满足用户需要。

2.2 智能网关设备研制

2.2.1 硬件结构

智能网关节点硬件组成上主要包括供电单元、传感通信单元、信息处理交互单元、本地控制单元、信号接入单元、远程传输单元。各功能单元间的连接关系如图 2-2 所示。

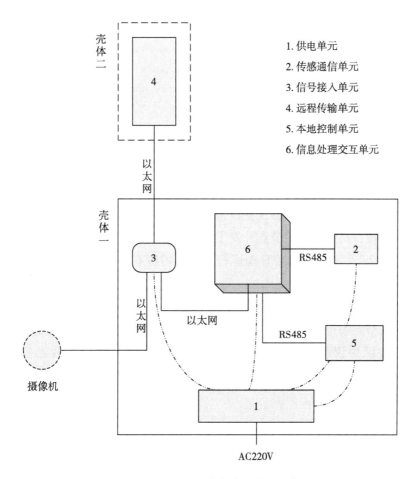

图 2-2 智能网关节点功能单元示意图

传感通信单元采用 Si4432 无线模块，负责与布设在设施大棚现场的无线传感采集节点进行通信，实时获取各类传感器采集的数据；信息处理交互单元采用高性能的 S3C2440 处理器，内嵌专门开发的基于 MQTT 协议的网关节点软件，用于完成各类输入输出信息的处理、数据传输、异常报警功能；本地控制单元设计了专用控制板，包含四路继电器，能够接收来自信息处理交互单元的指令并输出开关量，从而控制本地设备；远程传输单元集成以太网通信。

2.2.2 性能参数

核心处理器：S3C2440 处理器；

本地通信方式：433M 无线；

远程通信方式：以太网；

采集频率：可进行远程设置和调整；

工作温度：−40~85℃；

供电电压：AC220V；

防水等级：IP65。

2.2.3 工作流程

网关节点软件设计主要包括运行环境搭建、人机交互界面开发、数据的获取与传输、命令下达与状态反馈及网络状态检测与异常处理。

2.2.3.1 人机交互界面开发

为了便于本地查看数据及更改传感器节点的数量、设置上传频率、配置基地与设备属性，网关节点开发了人机交互界面程序。人机交互程序采用 QT 进行开发并在开机后自动运行，设置的所有信息采用信号槽机制更改系统中的配置。

2.2.3.2 数据采集

网关节点通过轮询方式获取每个传感器节点的数据。获取数据时，网关首先按照协议将每一个要寻址的节点地址组包，然后将数据包通过 UART 1 发送给 Si4432 星状网的中心节点进行寻址，被寻址的节点按原路径回馈当前数据信息。

2.2.3.3 数据处理

采集的数据按照传感器节点上报通信协议进行解析。对数据的处理包括解析数据包中参数的个数及类型，并组成显示包更新到交互界面的显示界面中；存储传感器节点上传的最新数据，供数据上报服务器使用。

2.2.3.4 数据上报

根据上传频率设定的时间，网关程序利用 QTimer 定时，到达定时时间后触发 TimeOut 槽，槽函数中实现获取每个节点上报的最新数据，根据既定网关上传数据通信协议按数据中包含的参数个数分别进行组包上传。数据上传通过以太网方式通过 C/S 架构与服务器数据交换。通过 Linux 系统中集成的 TCP/IP 协议栈进行通信，为保持网络长连接，程序采用 Keepalive 机制监测，若网络断开则延时 10s 自动重连以确保网络实时在线。

2.2.3.5 命令下达

服务器下达命令网关通过信号触发。若有命令到达，则触发相应槽函数处理事件。在事件处理函数中解析命令包，主要辨别是哪种命令，若为修改批次号、上传频率则直接修改系统配置并反馈修改状态；若为控制执行节点动作，则将命令重新组包，通过串口 2 连接的 Si4432 发送给相应的执行器节点动作并接收状态反馈，网关接收到执行器节点反馈的执行状态后重新组包将状态反馈给服务器，这样便完成了整个控制流程。

2.2.3.6 本地设置

除远程服务器能对网关参数进行设定外，网关在本地人机交互设置界面中也可对系统参数进行设定。本地设置包括：①能够在系统运行中动态地设置要寻址的传感器节点地址，而不影响系统的稳定性；②修改基地属性（包括公司代码等）；③修改上传频率。这些功能的实现均通过 QT 中信号槽方式。

2.3 无线通信节点设备研制

2.3.1 性能参数

核心处理器：72MHz；

内存：1k；

本地通信方式：433M 无线；

远程通信方式：GPRS；

工作温度：-40~85℃；

供电方式：太阳能；

防水等级：IP65。

2.3.2 工作流程

采集现场数据：打开设备开关，各功能单元上电初始化；信息处理交互单元启动自动读取配置信息并进入信息采集模式，按照相关协议通过传感通信单元发送轮询指令，布设在现场的各个无线传感采集节点接收轮询指令，并返回传感器数据。

处理数据：信息处理交互单元解析传感器数据并实现信息显示和本地报警等功能，对传感器数据进行重新封装并转发。

传输数据：远程传输单元对发来的传感器数据进行统一传输，通过无线信道传送至远程服务器端；远程服务器端将传感器数据进行解析、处理、存储和集成应用。

远程控制：操作人员通过电脑或手机终端发送控制指令；控制指令传输至信息处理交互单元；信息处理交互单元接收并解析所述的控制指

令；根据控制指令的内容操作继电器模块，从而控制本地设备的开启和关闭。

2.4 温室大棚精准调控装备研制

2.4.1 温室大棚智能通风控制系统

2.4.1.1 功能特点

采用智能控制技术通风机电机的开关，通过开启/关闭通风机实现对农业生产现场温湿度的自动控制，有自动、手动、定时3种控制模式。自动模式下，根据当前监测的棚内温湿度数据进行判定，当温湿度传感器监测到温湿度达到上/下限设定值时，内部继电器动作，自动开启/关闭通风机来调节温室大棚内的温湿度；手动模式下，手动按压面板开启/关闭按钮进行操作；定时模式下，可以设定时间，按照设定时间开启/关闭通风机，如图2-3所示。

2.4.1.2 技术参数

工作温度：-30~70℃；

工作湿度：10%~90%，无凝露；

内置继电器最大负载（阻性）：12A/16A、AC250V；

最大切换电流：12A/16A；

可通过RS485接收上位机指令和上传信息。

图2-3 温室大棚智能通风控制器

2.4.2 温室大棚智能遮阳系统

2.4.2.1 技术原理

温室大棚遮阳是利用具有一定透光率的遮阳网遮挡过强阳光，减少太阳辐射，保证温室内作物正常生长所需的光照，降低室内温度。温室大棚智能遮阳控制系统分为感知、判断和控制三大部分。智能感知层为光照传感节点和温度传感节点，通过对日光温室光照、温度环境参数的实时采集，为蔬菜作物智能遮阳提供参考依据。云平台接收来自智能感知器通过网络传输的温室大棚环境条件关键参数数据，通过判断模块做出决策。同时，智能控制器通过网络接收控制指令，遮阳帘与智能控制器的继电器连接，实现温室遮阳帘的智能调节。

2.4.2.2 功能特点

温室大棚利用物联网技术，光照传感器、温度传感器采集蔬菜大棚内外光照强度和温度的信息，通过无线网络传输至云平台，通过模型分析、自动调控遮阳网，从而获得植物生长的最佳条件。温室大棚通过接收无线传感汇聚节点发来的数据，进行存储、显示和数据管理，实现了生产基地所有温室大棚环境信息的获取、管理和分析处理，并以直观的图表和曲线方式显示出来，同时当日光温室内光照强度和温度超出设定值时，系统自动向工作人员发出报警信息，实现了园区日光温室集约化、网络化远程管理。

2.4.3 温室大棚智能补光控制系统

2.4.3.1 功能特点

智能补光控制器用于自动控制大棚内植物补光灯的开启/关闭，对植物进行智能补光，主要包含有光敏元件、温敏元件、定时元件以及存储显示元件等。通过设置光照强度参数、温度参数以及时间等方式，实现大棚内植物补光灯的调控，如图2-4所示。

2.4.3.2 技术参数

供电电压：AC220V；

负载继电器输出容量：AC220V/7A；

显示方式：数码管显示；

图2-4　温室大棚智能补光控制器

控制模式：现场手动控制、远程自动控制和时间控制3种模式。

2.4.4 设施蔬菜环境智能一体化控制器

温室大棚一体化控制器分为环境监测、环境调控、报警信息和语音播报4个模块。软件系统开发完成后，运行在昆仑通态触摸屏TPC1061Ti上，TPC1061Ti是一套以先进的Cortex – A8 CPU为核心（主频600MHz）的高性能嵌入式一体化触摸屏，采用了10.2英寸高亮度TFT液晶显示屏（分辨率1 024×600），四线电阻式触摸屏（分辨率4 096×4 096）。

2.4.4.1 环境监测模块

环境监测模块主要是用来实时显示当前的环境参数信息，如图2－5所示。如果控制器系统未接收到传感器采集节点发来的参数信息或者传感器节点处于离线状态，那么相应的参数模块就会处于"连接中……"的状态。当显示的参数值在设定的阈值范围内时，参数值以及参数边框都会显示绿色；当显示的参数值不在设定的阈值范围内时或者处于"连接中……"时，参数值以及参数边框会显示红色，以起警示作用。

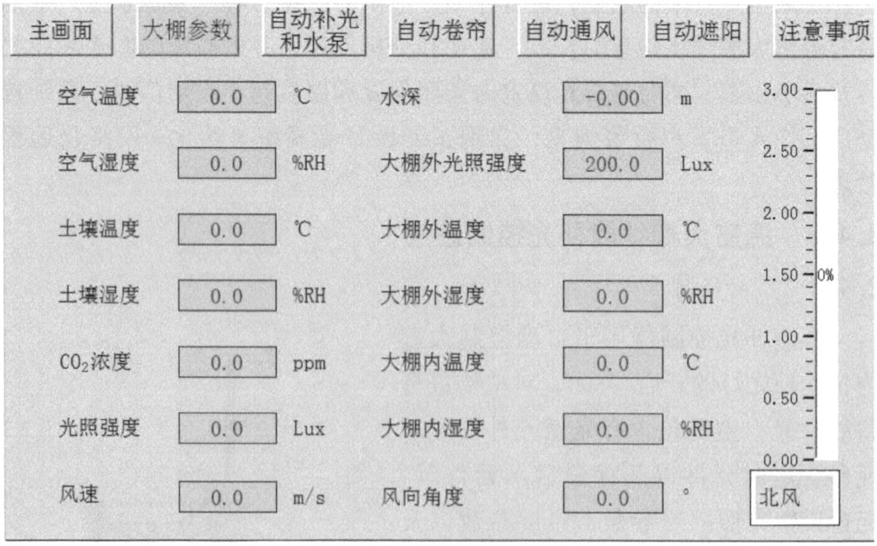

图2－5 环境监测模块

环境监测模块支持历史数据查询。例如点击"空气温度"标签时，会弹出空气温度历史曲线界面，可进行历史数据查看，如图2－6所示。

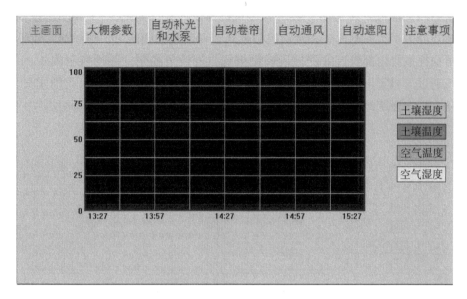

图 2 - 6　环境监测历史曲线

2.4.4.2　环境调控模块

环境调控模块用来操控温室大棚内的设备，系统界面如图 2 - 7 所示。

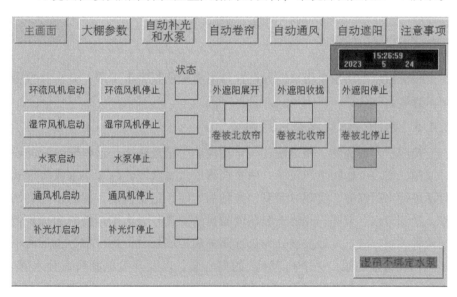

图 2 - 7　环境调控模块

以"通风机控制"为例，点击"启动"或者"停止"能实现对通风机的本地控制，同时也可以通过手机 App 或者云平台进行远程控制。当点击"自动通风"标签时，会进入通风机控制界面，如图2-8所示。控制模式分为手动控制模式和自动控制模式，自动控制模式下，通风机控制器可根据系统内部设定好的控制模型进行自动调节控制；手动控制模式下，可通过"打开"或"关闭"按钮对通风机进行控制，同时，在此模式下，还支持多段定时设置，默认情况下只有一个阶段的定时设置，可根据用户的需求来进行扩展。

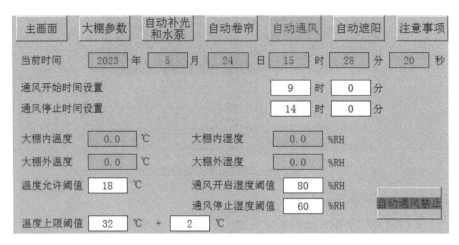

图2-8 室外鼓风机控制界面

2.4.4.3 报警信息模块

报警信息模块主要用来进行设置环境参数的报警上下限，并支持报警记录查看。

2.4.5 水肥一体化精量施用系统

按照"实时监测、精准配比、自动注肥、精量施用、远程管理"的设计原则，安装于作物生产现场，用灌水器以点滴状或连续细小水流等形式自动进行水肥浇灌，实现对灌溉、施肥的定时、定量控制，提高水肥利用率，达到节水、节肥，改善土壤环境的目的。设备分为本地控制和远程控制两种控制方式。本地控制分为执行部分和控制部分。执行部分包括两个35W的微型注肥泵，一个0.55kW的离心泵，以及开关电源和2分水管、PVC水管等。控制部分采用PLC和仓库库存MCGS触摸屏。本地控制分为3种控制方式，即流量控制、时间控制和手动控制，如图2-9所示。

图 2 – 9　水肥一体化精量施用系统

　　流量控制界面可以设定泵流量，按下启动键，当流量达到目标流量后就自动停止，如图 2 – 10 所示。

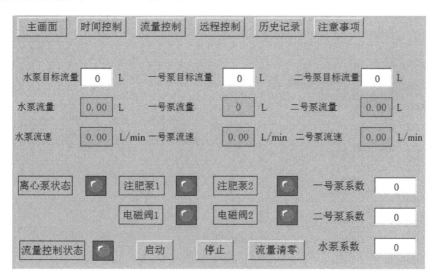

图 2 – 10　流量控制界面

　　时间控制界面可以设定时间、选择运行哪些泵。按下启动键，达到预定时间则会自动停止运行，如图 2 – 11 所示。

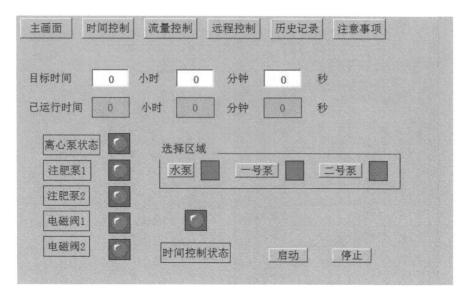

图 2 – 11　时间控制界面

手动控制可以对各个电机进行灵活操作，可以单独控制水泵、注肥泵1 和注肥泵 2，如图 2 – 12 所示。

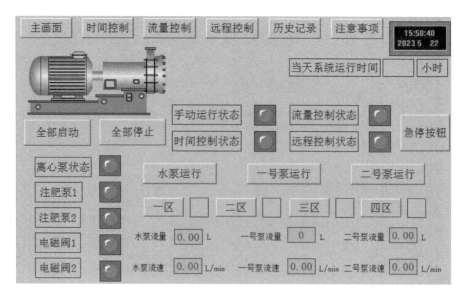

图 2 – 12　手动控制界面

2.5 设施蔬菜环境精准监测与调控云平台

2.5.1 平台概述

设施蔬菜物联网云平台是针对山东设施蔬菜产业发展现状和对智慧农业发展的迫切需求,利用物联网、大数据、云计算等技术研发的一套农业物联网整体解决方案。通过设施蔬菜物联网云平台,用户可借助智能手机、电脑等终端设备实现设施蔬菜生产现场数据实时监测、视频监控、智能分析和远程控制。平台系统架构由数据层、处理层、应用层和终端层组成。数据层负责设施蔬菜生产现场采集数据及生产过程数据的存储;处理层通过云计算、数据挖掘等智能处理技术,实现信息技术与农业生产应用融合;应用层面向用户,根据用户的不同需求搭载不同的内容。设施蔬菜物联网云平台由"蔬菜物联网测控平台"和"蔬菜物联网管理平台"组成。

2.5.2 蔬菜物联网测控平台

"蔬菜物联网测控平台"借助"物联网、云计算"技术,实现对蔬菜生产现场环境和蔬菜作物生理信息的实时监测、视频监控,并对生产现场光、温、水、肥、气等参数进行远程调控。通过"蔬菜物联网测控平台"可帮助农业生产者随时随地掌握蔬菜作物的生长状况及环境信息变化趋势,为用户提供高效、便捷的蔬菜生产服务。"蔬菜物联网测控平台"拥有"地图模式、场景模式、分析模式、综合模式"4种不同模式,实现的功能如下所述。

数据监控:随时了解蔬菜生产现场气象数据、土壤数据、作物生理数据、各种设备运行状态。

视频监控:通过360°高清视频监控设备对农业生产现场进行实时监控,对蔬菜作物生长情况进行远程查看,同时可对视频进行录像、随时回放、截屏操作。

远程控制:采用智能化远程控制系统,远程调控生产现场光、温、水、肥、气参数。

报表服务:可查看园区内所有设备数据情况,可按日、周、月等时间段或自定义时间段查看数据报表,支持 Excel 表格导出、图片导出、报表打印,方便企业的人员管理。

2.5.2.1 地图模式

用户登录蔬菜物联网测控平台默认显示为地图模式。地图模式展示园区所有生产单元布局，右侧 Tab 页面展示公司简介、最新数据、控制状态信息。点击任意生产单元名称，或在左上位置选择生产单元，Tab 页面中最新数据及控制状态便显示选择生产单元相应的设备数据及状态。此页面除了显示相应设备的控制状态，还可进行设备的远程控制，如图 2 – 13 所示。

图 2 – 13　地图模式

2.5.2.2　场景模式

场景模式展示具体生产单元内部场景，并显示具体终端设备，包括控制设备、采集设备和监控设备的工作状态。点击左侧边栏处的设备类型可展示该类型的所有设备，如图 2 – 14 所示。

图 2 – 14　场景模式

　　场景模式中点击采集设备名称，即可查看实时数据、历史数据及报警信息，如图 2 – 15 所示。

图 2 – 15　实时数据查看

　　点击采集设备展示框中的数据走势图，可查看数据历史曲线。数据历史曲线查看界面中，可选择查看当天、近 7 天、近 30 天的数据曲线变化情况，点击相应按钮即可查看。同时，可选择要查询的时间段点击【查询】进行数据走势查询。点击【实时数据】【最低阈值】【最高阈值】可查看和隐藏相应的曲线，如图 2 – 16 所示。

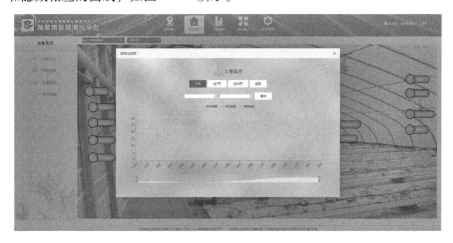

图 2 – 16　采集数据历史曲线

　　场景模式中可查询控制设备的运行状态，也可对远程设备进行控制。点击控制设备名称，即可查看、控制远程可控设备，如图 2 – 17 所示。

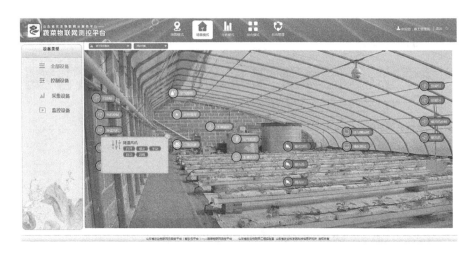

图 2-17　控制设备状态查看及远程控制

　　场景模式中可查看现场视频信息。点击视频设备名称，在弹出的显示框中点击【播放视频】即可显示视频状况。若现场摄像头为球机，则在此界面可进行视频设备的远程控制，如图 2-18 所示。

图 2-18　实时视频查看

2.5.2.3　分析模式

　　分析模式是对具体生产单元中采集参数的走势及汇总信息进行分析展示。页面左上角可选择要查看的生产单元列表，页面左侧显示该生产单元内布设的采集节点名称及最新数据。点击采集节点名称，右侧区域显示该节点当天、近 7 天、近 30 天的趋势变化情况，也可根据需求自行设定要看的时间区域并进行查询。若需导出数据走势图片可点击【保存】即可保存图片，点击【导出】即可导出 Excel 数据。点击【实时数据】【最低阈值】【最高阈值】可查看和隐藏相应的曲线。【今日汇总】部分展示该节点当日最高、当日平均、当日最低数据，如图 2-19 所示。

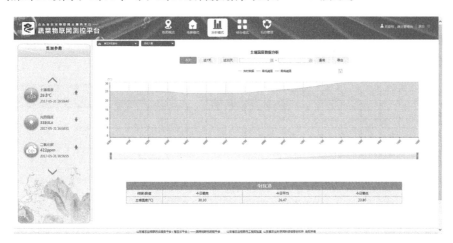

图 2-19　分析模式

2.5.2.4　综合模式

综合模式是对生产单元中监测设备、视频设备、控制设备的展示与控制。页面左上角可选择要查看的生产单元列表，页面左侧显示该生产单元内布设的采集节点名称及最新数据。点击【播放视频】可查看现场视频，同时可控制球机转动方向，下方【变焦】等按钮可实现对球机镜头的控制；点击【开始录像】可实现录像功能，点击【停止录像】则录像停止，视频存储于本地；点击【关闭视频】可停止对现场视频的预览，如图 2-20 所示。

图 2-20　综合模式

2.5.2.5　后台管理

后台管理界面可以对园区全景、生产档案和系统管理等信息进行编辑。其中园区全景功能可以对园区信息、联系方式、地图等内容进行展示。生产档案功能可以对种植计划、生产记录等信息进行编辑。系统管理功能可以对公司管理、角色管理、用户管理、我的设备、通信日志、操作日志和消息推送等信息进行编辑，如图 2 -21 所示。

图 2 -21　后台管理

2.5.3　蔬菜物联网管理平台

"蔬菜物联网管理平台"是基于"蔬菜物联网测控平台"搭建，扩充了蔬菜种植生产管理功能及数据分析功能，将数据与蔬菜生产联系在一起，旨在通过对数据的分析和评价，为农户提供管理支持。"蔬菜物联网管理平台"不仅拥有"蔬菜物联网测控平台"中数据测控、视频监控、远程控制、报表服务功能，还拥有以下所述功能。

生产管理：建立智能农业知识库，提供农事指导、病虫害防控等知识，为蔬菜标准化生产提供必要支撑。

生产档案：完整记录蔬菜从生产到销售各个关键环节的数据，包括种植计划、生产记录、过程影像、肥料记录、农药记录、农事操作、采收入库、农残检测等信息。

智能分析：结合蔬菜生理习性对采集参数进行评价，并给出评价结果与建议，包括综合评价、参数评价、报警分析、统计分析、对比分析和行情分析。

测土施肥与水肥一体化控制：实现按需施肥与精准施肥。

产品追溯：提供涵盖产前、产中、产后的蔬菜质量安全全程追溯服务，提升企业的信誉和品牌。

2.5.3.1　实时监控

"蔬菜物联网管理平台"中的实时监控功能和"蔬菜物联网测控平台"中的实时监控功能效果相同。点击【实时监控】即可进入各类物联网终端设备的实时监控数据，查询的数据可以按公司、生产单元、监控频率等要求分类展示，如图 2 - 22 所示。

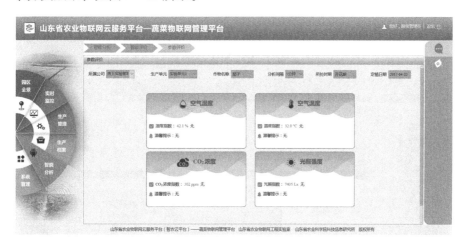

图 2 - 22　实时监控

2.5.3.2　生产管理

生产管理功能是对生产过程中根据定植作物不同时期在农事操作、施肥、病虫害防控等部分给予意见和建议，包括农事管理、水肥一体和病虫害防控 3 部分功能。

农事管理功能主要针对所属生产单元定植作物所处的时期，给予作物该时期应注意的农事操作信息，为生产者提供生产建议以指导农业生产，如图 2 - 23 所示。

水肥一体功能用于对特定生产单元实施水肥一体精量施用，以达到水肥的均匀、定时、定量施用的目的，如图 2 - 24 所示。

病虫害防控部分用于展示特定生产单元种植作物易发的病虫害及生理障碍信息给予病（虫）害简介、发病原因及解决途径的描述，从而实现病虫害发生时有据可依，如图 2 - 25 所示。

图 2 - 23   农事管理

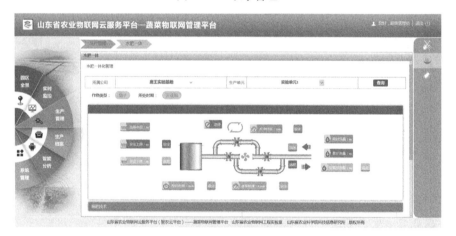

图 2 - 24   水肥一体

图 2 - 25   病虫害防控

2.5.3.3　生产档案

生产档案功能主要包括对种植计划、生产记录、过程影像、肥料记录、农药记录、农事操作、采收入库、农残检测、发货销售、条码管理、订单管理等信息的编辑、添加、查询和删除。

种植计划用于对用户的种植计划信息进行编辑、添加、查询和删除，包括计划名称、种植产品名称、定植日期、预收日期、结束日期等数据，如图 2－26 所示。

图 2－26　种植计划

生产记录功能可对园区生产单元中定植作物的种植信息进行编辑、添加、查询和删除，如图 2－27 所示。

图 2－27　生产记录

过程影像功能用于对作物生长过程中关键时期的影像数据进行编辑、添加、查询和删除，如图 2 - 28 所示。

图 2 - 28　过程影像

肥料记录功能用于对作物生产过程中的施肥信息进行编辑、添加、查询和删除，如图 2 - 29 所示。

图 2 - 29　肥料记录

农药记录功能用于对作物生产过程中所使用的农药信息进行编辑、添加、查询和删除，如图 2 - 30 所示。

图 2 – 30　农药记录

农事操作功能用于对作物生产过程中的农事操作信息进行编辑、添加、查询和删除，如图 2 – 31 所示。

图 2 – 31　农事操作

采收入库功能用于对农产品的采收入库环节信息进行编辑、添加、查询和删除，如图 2 – 32 所示。

图 2 – 32 采收入库

农残检测功能用于对农产品的农残检测信息进行录入和查询，如图2 – 33 所示。

图 2 – 33 农残检测

发货销售功能用于对农产品的发货销售信息进行编辑、添加、查询和删除，如图 2 – 34 所示。

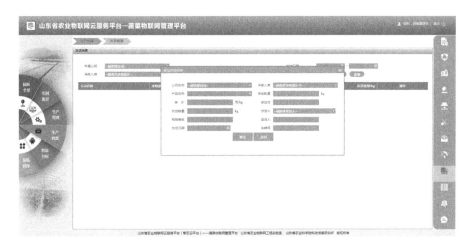

图 2-34 发货销售

条码管理功能用于对农产品在种植、采收、销售、溯源等环节涉及的条码信息进行查询和打印，如图 2-35 所示。

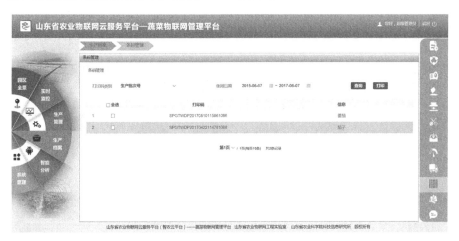

图 2-35 条码管理

订单管理功能用于对农产品销售环节涉及的订单信息的编辑、添加、查询和删除，如图 2-36 所示。

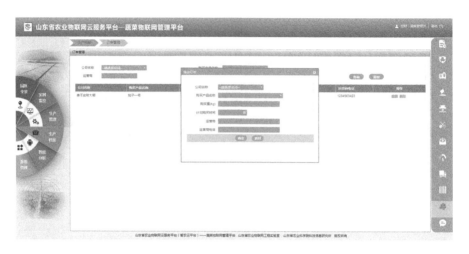

图 2 – 36 订单管理

2.5.3.4 智能分析

智能分析模块是对采集数据的分析，供决策者参考。该部分包括综合评价、参数评价、测土施肥、报警分析、统计分析、对比分析与行情分析7 部分，如图 2 – 37 所示。

图 2 – 37 智能分析

综合评价功能是根据特定生产单元中环境信息对定植作物的影响而得出的评价，该部分是根据综合评价模型，按照关键参数的实时数据与适宜值比较得出分值。用户只需要选择想要查看的生产单元即可查看该生产单元的综合评价分值，若综合评价较差，管理者需要对该生产单元的环境进行调控，确保作物生长环境始终保持在适宜的范围，如图 2 – 38 所示。

图 2-38 综合评价

参数评价功能是对特定生产单元中定植作物的生长环境关键参数进行评价，对于不适宜的参数进行提示，用户只需要选择生产单元即可查看该生产单元的参数评价分值，如图 2-39 所示。

图 2-39 参数评价

测土施肥功能用于展示生产单元土壤养分（氮、磷、钾含量）情况以及作物需肥特性。用户可以根据作物的需肥特性及土壤养分情况按需施肥，从而达到肥料减施增效的目的，如图 2-40 所示。

图2-40　测土施肥

报警分析功能可查看一段时间内每一个设备的报警次数，若某一设备报警次数过多，应引起关注。用户可以通过选择【设备】【时间】，然后点击【查询】按钮，系统则以柱状图形式展示设备的报警次数累计值。点击【导出表格】按钮，即可导出查询出来的相关数据，如图2-41所示。

图2-41　报警分析

统计分析功能可对某一时间段内的作物产量、销量和农药、化肥使用量进行统计和查询，如图2-42所示。

图 2 - 42　统计分析

对比分析功能是通过自由选择对比量来分析相同时期同种作物产量不同的原因，也可分析不同年份同种作物的产量变化。相同时期同种作物不同生产单元产量分析可选生产单元、环境参数、投入品（化肥、农药）用量及种类，如图 2 - 43 所示。

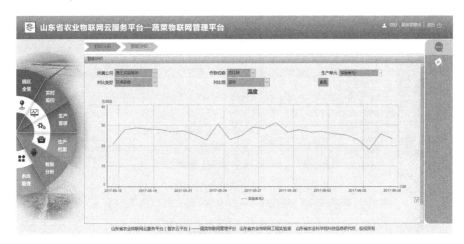

图 2 - 43　对比分析

行情分析用于展示某些产品的价格走势，选择要查询的产品类型，点击【查询】即可显示不同公司、地域的价格走势；点击【导出】即可导出数据走势图，如图 2 - 44 所示。

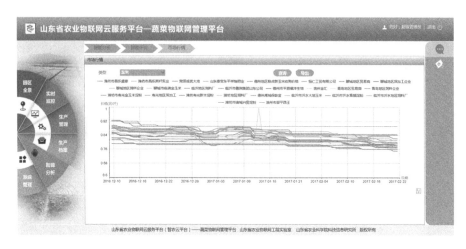

图 2-44　行情分析

2.5.3.5　系统管理

系统管理功能用于对公司管理、角色管理、用户管理、我的设备、通信日志、操作日志、平台配置和水肥管理等信息的维护，如图 2-45 所示。

图 2-45　系统管理

2.6　基于移动互联的设施蔬菜精准监测与调控云应用系统

2.6.1　智农 e 联

"智农 e 联"由客户端程序和服务器两部分组成。该软件支持云平台所有生产过程数据采集、环境信息监测功能。通过该软件可随时随地查看设备的工作状态、数据监测及报警信息，使用方便。

2.6.1.1 系统登录

点击"智农e联"图标打开如图2-46所示用户登录界面，输入使用者账号及密码后，程序会将登录账号和密码由MD5加密后统一以POST方式提交给服务器端进行验证，如果校验通过，则进入到"智农e联"应用程序的主界面，否则提示登录错误。

2.6.1.2 信息监测与远程控制

（1）数据监测。在应用软件中列出了已在系统中配置的全部生产单元列表。点击要查看的生产单元名称，进入相应的生产单元展示界面。该界面中"数据"栏展示终端的类型，如图2-47所示。

图2-46　智农e联登录界面　　　　图2-47　数据监测界面

双击某一终端数据可查询当前终端一天、一周、一月、一年内的历史数据走势，如图2-48所示。

（2）设备控制。在应用软件"控制"选项卡下每一个生产单元中均有相应的设备控制项。点击列表中的控制选项，则会显示对应当前设备的控制信息。若控制卷帘动作，点击"卷帘"后，卷帘设备自动开启，在卷帘全部打开后设备会自动停止运行，并反馈此时的设备状态。以此种方式可对种植单元中喷淋设备、灌溉设备、通风设备及补光设备进行控制，如图2-49所示。

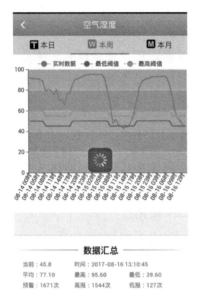

图 2-48 数据走势

图 2-49 控制界面

2.6.1.3 现场视频查看

在应用软件"视频"选项卡下列出该生产单元中的监控视频。点击列表中的监控视频，则会显示对应当前监控设备的实时视频画面。用户可以在查看视频的过程中随时截图或录像，相应图片或视频文件将保存在手机 SD 存储卡中。此外，用户还可以根据监控的需要，上下左右等多个方向灵活地调整视频画面的监控角度。视频画面播放流畅度较好，2G 网络下依旧能够流畅地观看视频，如图 2-50 所示。

2.6.1.4 系统软件自动更新

为了方便用户安装客户端后程序升级，在启动界面时，应用程序会首先连接到服务器并进行比对本地程序的版本号，然后进行判断，若服务器中程序版本号高于本地版本，便从服务器上下载最新的 APK 安装包文件并

图 2-50 实时视频界面

自动进行安装更新。

2.6.2 智农 e 管

"智农 e 管"由 Android（IOS）客户端程序和服务器两部分组成。该软件支持云平台所有生产过程数据采集、环境信息监测、农事管理、病虫害防控等功能。

2.6.2.1 系统登录

点击"智农 e 管"图标打开如图 2-51 所示用户登录界面，输入使用者账号及密码后，程序会将登录账号和密码由 MD5 加密后统一以 POST 方式提交给服务器端进行验证，如果校验通过，则进入到"智农 e 管"应用程序的主界面，否则提示登录错误。

图 2-51 智农 e 管登录界面

2.6.2.2 信息监测与远程控制

（1）数据监测。首界面"实时测控"部分列出了已在系统中配置的全部生产单元列表。点击要查看的生产单元名称，进入相应的生产单元展示界面。该界面中"数据"栏展示终端的类型，如图 2-52 所示。

双击某一终端数据可查询当前终端一天、一周、一月、一年内的历史数据走势，如图 2-53 所示。

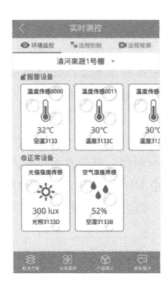

图 2-52　数据监测界面

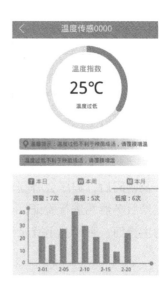

图 2-53　数据走势

（2）设备控制。在应用软件"控制"选项卡下每一个生产单元中均有相应的设备控制项。点击列表中的控制选项，则会显示对应当前设备的控制信息。若控制卷帘动作，点击"卷帘"后，卷帘设备自动开启，在卷帘全部打开后设备会自动停止运行，并反馈此时的设备状态。以此种方式可对种植单元中喷淋设备、灌溉设备、通风设备及补光设备进行控制，如图 2-54 所示。

2.6.2.3　生产信息采集

在"生产档案"一栏中可对生产过程中种植计划、生产记录、过程影像、肥料记录、农药记录、农事操作、农残监测等内容进行信息录入和信息管理，如图 2-55 所示。

图 2-54　控制界面

图 2 – 55　生产档案

2.6.2.4　生产管理

生产管理部分包括农事管理、病虫害防控、水肥一体 3 部分内容。生产管理部分是对生产过程中根据定植作物不同时期在农事操作、施肥、病虫害防控等部分给予意见和建议。

农事管理部分主要针对所属生产单元定植作物所处的时期，给予作物该时期应注意的农事操作信息，为生产者提供生产建议以指导农业生产。水肥一体部分用于对特定生产单元实施水肥一体精量施用，以达到水肥的均匀、定时、定量施用。病虫害防控部分用于展示特定生产单元种植作物易发的病虫害及生理障碍信息给予病（虫）害简介、发病原因及解决途径的描述，从而实现病虫害发生时有据可依，如图 2 – 56 所示。

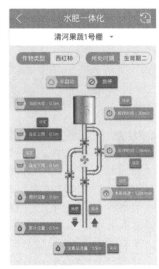

图 2-56 生产管理

2.6.2.5 智能分析

智能分析部分是对采集数据的分析，供决策者参考。该部分与 Web 端相同，包括综合评价、参数评价、测土施肥、报警分析、统计分析、对比分析与行情分析 7 项功能。

综合评价是根据特定生产单元中环境信息对定植作物的影响而得出的评价，该部分是根据关键参数的实时数据与适宜值比较而得出分值按照一定的模型计算而来。参数评价是对特定生产单元中定植作物关键参数进行评价，对于不在适宜值的参数给予一定的温馨提示。测土施肥部分展示土壤中含有的氮、磷、钾的分布情况，用户可以根据需肥特性及土壤肥力情况按需施肥，从而达到肥料减施增效的目的。报警分析主要是统计某一时间段内各环境参数偏离正常阈值范围的发生次数、发生时间以及对环境适宜度产生的影响等。统计分析可按照某一时间段对产量、销量、农药化肥使用量进行查询统计。对比分析是通过自由选择对比量来分析相同时期同种作物产量不同的原因，也可分析不同年份同种作物的产量变化。行情分析用于展示某些产品的价格走势。智能分析界面如图 2-57 所示。

图 2-57 智能分析

2.6.2.6 系统软件自动更新

为了方便用户安装客户端后程序升级，在启动界面时，应用程序会首先连接到服务器并进行比对本地程序的版本号，然后进行判断，若服务器中程序版本号高于本地版本，便从服务器下载最新的 APK 安装包文件并自动进行安装更新。

2.7 设施蔬菜智能化模型研究

2.7.1 设施蔬菜病斑图像分割模型研究

2.7.1.1 基于决策树的设施蔬菜病斑图像分割模型

由于温室黄瓜叶部病斑的数量多且面积小，因此其颜色特征并非整个图像的主导颜色特征，难以通过自动确定的方法来定位病斑的位置。同时，图像不但噪声较多并且光照条件对图像的影响较大，忽略空间关系的直接分割有可能会导致病斑区域内部不均匀，边缘稀疏不明确等问题。因此，病斑分割方法需要在克服光照条件的影响下，并且充分考虑病斑像素与其邻域像素之间的空间关系，确保分割的准确性。因此，本研究拟采用基于条件随机场的方法进行病斑图像分割，同时在条件随机场框架中融合决策树模型，不但能够充分考虑到病斑像素与其领域像素的空间关系，还能够结合决策树模型快速、易用的优点。本方法采用人工选择训练数据集的方法，从而克服光照条件的影响，最大限度地保证分割的准确性。具体流程如图 2-58 所示。

一个典型的二维条件随机场模型见式（2-1）。

$$P(y \mid x) = \frac{1}{Z} \prod_{i \in I} \phi(y_i, x_i) \prod_{i \in I} \prod_{j \in N_i} \exp[y_i y_{ij} K^T f_{ij}(x)] \qquad (2-1)$$

式中，I 为输入图像；x_i 为图像第 i 个像素点的特征集合；y_i 为第 i 个像素点对应的标签；N_i 为第 i 个像素点的所有邻域像素；y_{ij} 为第 i 个像素点的第 j 个邻域像素点的类别；K 为待估参数向量；Z 为归一化函数；$f_{ij}(x)$ 为联合特征向量。

式（2-1）中，$\phi(y_i, x_i)$ 为一元势函数，表示该像素在其特征条件下属于某一类别的概率，$\exp[y_i y_{ij} K^T f_{ij}(x)]$ 为二元势函数，表示该像素在其领域像素作用下属于某一类别的概率。因此，采用条件随机场方法进行设施黄瓜霜霉病病斑图像分割，不仅能够考虑到病斑区域像素本身的特征，还能考虑到病斑区域像素与其邻域像素之间的相互关系。为了进一步提高病斑分割的准确率，本研究拟采用决策树方法扩展条件随机场的一元

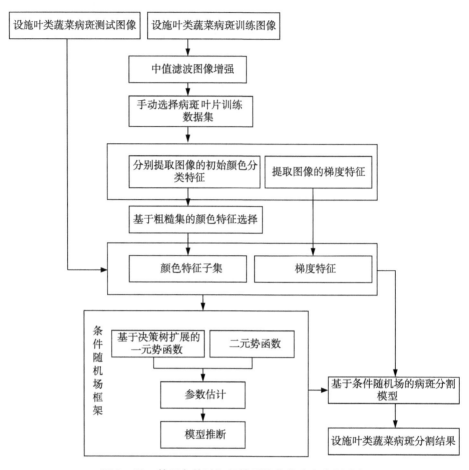

图 2 - 58 基于条件随机场的设施蔬菜病斑分割流程

势函数，进一步克服光照条件对病斑分割的影响。

在构建条件随机场一元势函数时，结合温室黄瓜霜霉病病斑图像的特点，采用决策树模型扩展条件随机场一元势函数，计算公式见式（2 - 2）。

$$\phi(y_i, x_i) = \frac{1}{1 + \exp\left[-y_i \dfrac{D_T(x_i)}{\tau}\right]} \qquad (2-2)$$

式中，$D_T(x_i)$ 为图像第 i 个像素点对应的决策树分类结果；τ 为待估参数。决策树模型的构建，本研究拟采用分类与回归树（Classification and regression tree，CART）算法。对于二元势函数 $\exp\left[y_i y_{ij} K^T f_{ij}(x)\right]$，本研究采用欧氏距离来定义，见式（2 - 3）。

$$f_{ij}(x) = \left[1, \| x_i - x_j \|\right]^T \qquad (2-3)$$

式中，‖ · ‖ 为欧氏距离，模型参数估计和推理分别采用最大似然估计和最大后验概率实现。

2.7.1.2 基于CVCF的设施蔬菜病斑图像分割模型

基于可见光光谱颜色特征（Combination of three visible color features，CVCK）和支持向量机（Support vector machines，SVM）的设施蔬菜病斑图像分割算法具体流程如图2-59所示。

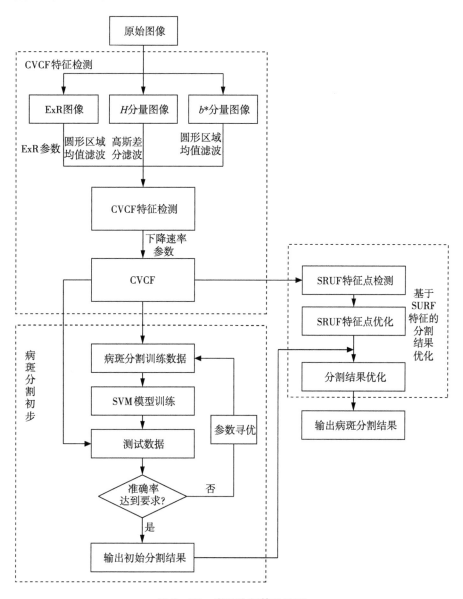

图2-59 病斑分割算法流程

通过图 2-59 可知，该算法主要包含 3 个部分，即 CVCF 特征检测，SVM 模型构建、优化及病斑初始分割。

（1）CVCF 特征检测。由于超红特征（Excess red，ExR）容易受光照条件不均匀情况的影响，因此，CVCF 颜色特征提取的关键是 ExR 参数的确定。本研究采用受光照条件影响叶片区域的平均 CVCF 值与正常叶片区域平均 CVCF 值之比作为选择 ExR 参数的依据。

通过试验得出，当 ExR 参数取值为 0.1 时，受光照条件影响叶片区域的平均 CVCF 值与正常叶片区域平均 CVCF 值之比最小，表明光照条件不均匀情况的影响最小。因此，本研究 CVCF 检测方法见式（2-4）。

$$CVCF = \exp\left[-\beta\left|f(I:r,\sigma_H,\sigma_L,\alpha)\right|\right] \qquad (2-4)$$

式中，β 为下降速率参数；I 为输入图像；r 为半径；α 为 EXR 参数；σH、σL 为高斯差分滤波器标准差。

当 EXR 参数 α 取值为 0.1 时，CVCF 检测方法可修正为式（2-5）。

$$f(I:r,\sigma_a,\sigma_b,\alpha) = 0.1\left[pb_{(r)} * I_{ExR}\right] + \\ DoG_{(\sigma_a,\sigma_b)} * I_H + pb_{(r)} * I_{b*} \qquad (2-5)$$

利用式（2-4）、式（2-5）对黄瓜霜霉病图像进行 CVCF 特征检测，检测结果如图 2-60 所示，其中，$\sigma_a = 5$，$\sigma_b = 4$，$\gamma = 3$，$\beta = 3$。

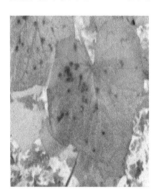

图 2-60　CVCF 特征检测结果

（2）基于 CVCF 和 SVM 的黄瓜霜霉病图像初始分割。本研究病斑分割模型的构建，采用 LIBSVM 实现，在核函数选择方面，通过试验，选择了基于径向基核函数的 SVM 分类器构建分割模型。病斑分割模型的训练数据为 60 幅黄瓜霜霉病图像，测试数据为 33 幅黄瓜霜霉病图像。同时，算法采用 K-fold cross validation 方法，通过交叉验证，对径向基 SVM 分类器的

惩罚因子 C 以及核函数参数 g 进行优化。病斑初步分割结果如图 2-61 所示，其中 $C = 0.7$，$g = 11$。

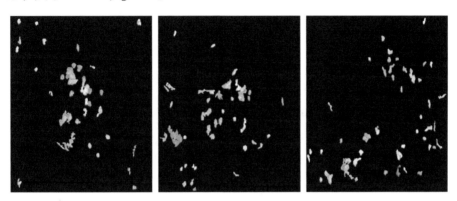

图 2-61 初始病斑分割结果

从初始分割结果中可以看到，基于 CVCF 特征与参数优化后的径向基 SVM 分类器，能够克服图像中光照条件的影响，将病斑与叶片进行分离。但是由于现场采集的图像中含有较多的背景噪声，在初始分割结果中，仍然含有部分背景噪声，对病斑的分割准确度产生了较大的影响，因此该方法需对初始分割结果进行进一步优化。

本研究采用了 SURF 特征结合形态学操作进行初始分割结果优化，具体流程如图 2-62 所示。

①对 CVCF 特征图进行 SURF 特征点检测，形成初始 SURF 特征点集 $S = \{s_1, s_2, \cdots, s_i\}$，$i = 1, 2, \cdots, n$。$s_i$ 为第 i 个特征点，n 为初始 SURF 特征点的数量。

②计算 S 中所有特征点的平均强度值 AvgM，将 S 中所有特征点强度值 M_{s_i} 与 AvgM 比较。如果 M_{s_i} 满足式（2-6），则将 s_i 加入优化后的 SURF 特征点集 OptS，不满足式（2-6）的特征点加入剔除 SURF 特征点集 DltS 中。

$$M_{s_i} - \text{AvgM} \geq 0 \qquad (2-6)$$

③将 OptS 中所有特征点与初始病斑分割结果 $R = \{ds_1, ds_2, \cdots, ds_j\}$，$j = 1, 2, \cdots, m$，进行匹配。$ds_j$ 为分割结果中第 j 个病斑，m 为病斑的数量。

④如果病斑 ds_j 满足式（2-7）条件，则保留该区域，否则在分割结果中剔除该区域。

$$ds_j \cap \text{Opts}_i \neq \emptyset \qquad (2-7)$$

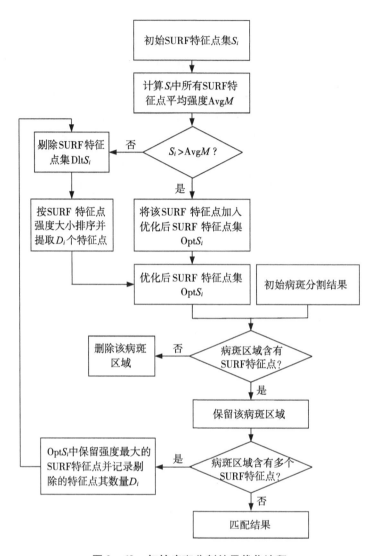

图 2 - 62　初始病斑分割结果优化流程

⑤如果病斑 ds_j 与 $OptS$ 中多个特征点同时满足式（2 - 7）条件，则比较这些特征点的强度大小，保留强度最大的特征点，将其他点加入剔除 SURF 特征点集 $DltS$ 中，并记录数量 D_i。

⑥将 $OptS$ 中所有特征点按照强度大小进行排序，提取前 D_i 个特征点加入 $OptS$ 中。

⑦重复步骤③～⑤，直到病斑 ds_j 与 $OptS$ 中特征点唯一匹配。

病斑分割最终结果如图 2 - 63 所示。为进一步验证该方法的有效性，本研究开展了对比试验。在选择对比方法时，本研究在基于阈值的分割方法和基于区域的分割方法中，选择了比较常见的、具有代表性的 OTSU 方法、K 均值聚类和决策树方法开展试验，同时将对比方法与本研究构建 CVCF 特征采用的可见光光谱特征结合，增强结果的可参考性。最终，采用 OTSU 算法（基于 H 分量，算法的分割阈值通过试验设定为 0.2，以下简称为 OTSU + $H^* 0.2$）、K 均值聚类算法（基于 H 分量和 b^* 分量，以下简称为 K – means + H + b^*）和决策树算法（基于 H 分量和 b^* 分量，以下简称为 DT + H + b^*）3 种分割方法与本研究方法进行分割效果对比。通过对比结果可以看出，OTSU + $H^* 0.2$、K – means + H + b^* 和 DT + H + b^* 3 种方法在不同程度上均受光照条件和复杂背景的影响，分割的结果中包含了较多的噪声，分割的精度不高，如图 2 – 64、图 2 – 65 所示。

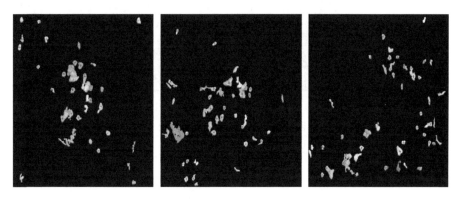

图 2 – 63　初始病斑与 SURF 特征点匹配结果

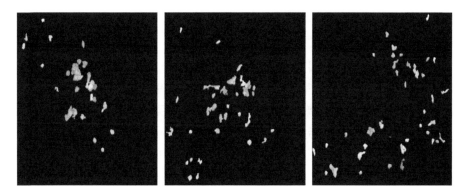

图 2 – 64　最终病斑分解结果

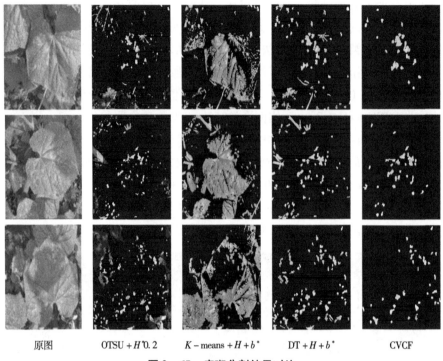

原图　　　 OTSU + H^*0. 2　　　 K – means + H + b^*　　　 DT + H + b^*　　　 CVCF

图 2 – 65　病斑分割结果对比

　　本研究算法采用的 CVCF 特征对病斑和正常叶片及背景噪声具有良好的区分能力，进一步通过 SURF 特征与形态学操作优化后，取得了较好的分割效果，能够基本克服现场采集的叶片图像中光照和复杂背景对于分割造成的影响。同时，本研究以病斑错分率为评价指标，对 OTSU + H^*0. 2、K – means + H + b^* 和 DT + H + b^* 3 种方法及本研究方法的分割效果进行定量评价，评价结果如图 2 – 66 所示。

　　从图 2 – 66 可以看出，OTSU + H^*0. 2、K – means + H + b^*、DT + H + b^* 和本研究算法的错分率分别为 19. 44%、40. 19%、16. 27% 和 7. 37%，此结果为 33 幅图像错分率的平均值。通过分割结果对比可以看出，本研究算法的错分率明显低于另外 3 种方法。而 K – means + H + b^* 的错分率最高，其次是 OTSU + H^*0. 2 和 DT + H + b^*。定量评价的结果进一步表明，该算法对温室现场采集的黄瓜霜霉病图像具有良好的分割效果，能够充分克服光照条件和复杂背景的影响，准确地提取病斑，为下一步病害诊断提供良好的数据来源。

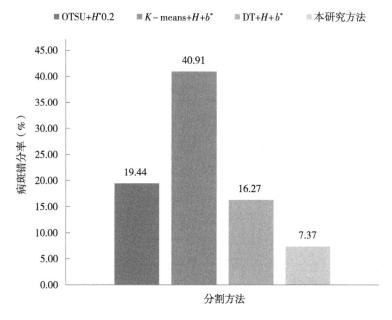

图 2-66　错分率对比

2.7.1.3　基于 CCF 和区域生长的设施蔬菜病斑图像分割模型

颜色特征是区分温室黄瓜病斑与正常叶片的最直接特征，但颜色特征极易受光照条件的影响。在田间实际情况下采集的黄瓜病害图像中，背景复杂、光照不均匀等噪声是难以避免的，因此病斑图像分割方法需要在克服光照条件不均匀和复杂背景的干扰下，准确分割病斑图像。基于以上分析，将超红特征（Excess red，ExR）、H 分量（HSV 颜色空间）和 b^* 分量（CIE $L^*a^*b^*$ 颜色空间）3 种颜色特征结合，提出一种复合颜色特征及其检测方法，在此基础上，综合考虑病斑图像分割方法的要求和下一步病害识别的数据需求特点，基于复合颜色特征，结合区域生长算法进行病斑分割。由于病斑分割的目的是为卷积神经网络提供数据，分割结果对后续识别的准确性有较大的影响，因此首先要确保分割方法的准确性；其次在实际应用中，需要从病害图像中快速提取病斑，因此对分割方法的效率也有一定的要求。如果采用自动选择种子点的方式，为确保分割的准确性，势必会增加分割方法的复杂程度和计算量，从而降低分割方法的效率。因此，采用人机交互的方式在特征图中选择区域生长种子点，实现病斑图像的分割。基于以上分析，该研究病斑图像分割方法具体算法流程如图 2-67 所示。

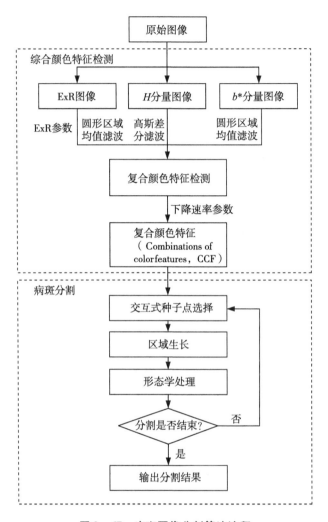

图 2 - 67 病斑图像分割算法流程

在获取原始 RGB 图像后，计算原始图像的超红特征 IExR，超红特征计算方法见式（2 - 8），在计算超红特征后，将原始 RGB 图像分别转换到 HSV 颜色空间和 CIE $L^*a^*b^*$ 颜色空间，提取 H 分量和 b^* 分量。

$$I_{ExR} = 1.3I_R - I_G \qquad (2-8)$$

式中，I_R、I_G 为 RGB 颜色空间颜色分量值。

在获取 3 个颜色特征分量后，采用高斯差分滤波（Difference of gaussian, DoG）和圆形区域均值滤波对 ExR、H 分量和 b^* 分量 3 个颜色特征图像进行二维离散卷积操作，实现 CCF 检测并生成 CCF 特征图，计算方法见式（2 - 9）。

$$f(I:r,\sigma_H,\sigma_L,\alpha) = \alpha(I_{ExR} * P_r) + DoG(\sigma_H,\sigma_L) * I_H + I_{b*} * P_r \qquad (2-9)$$

式中，I 为输入图像；I_{ExR} 为 ExR 特征图像；I_{b^*} 为 b^* 颜色分量图像；I_H 为 H 颜色分量图像；P_r 为半径为 r 的圆形区域均值滤波器；σ_H、σ_L 为高斯差分滤波器标准差；α 为 ExR 参数，取值范围为（0，1］，通过试验确定，取值为 0.1；* 为二维离散卷积操作。CCF 可由式（2-10）计算得出。

$$CCF = \exp[-\beta|f(I:r,\sigma_H,\sigma_L,\alpha)|] \tag{2-10}$$

式中，β 为下降速率参数。

由于超红特征（ExR）容易受光照条件的影响，因此，本研究 CCF 检测算法中设置了 ExR 参数来控制光照条件对 CCF 检测的影响程度，本研究采用区域 CCF 均值来确定 ExR 参数取值。在受光照影响的图像中，用手动标记的方法，分别获取主叶片上未受光照条件影响的区域 Leafarea 和受光照条件影响的区域 Lightarea。在 ExR 参数取值从（0，1］变化时，计算 Lightarea 的 CCF 均值并与 Leafarea 的 CCF 均值进行比较，如图 2-68 所示。

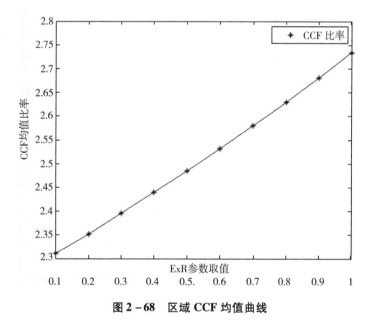

图 2-68　区域 CCF 均值曲线

从图 2-68 可以得出，当 ExR 参数取值为 0.1 时，Lightarea 曲线值更接近 Leafarea，表明光照条件对 CCF 检测的影响程度最小。因此，式（2-9）的检测方法可修正为：

$$f(I:r,\sigma_H,\sigma_L) = 0.1(I_{ExR}*p_r) + $$
$$\mathrm{DoG}_{(\sigma_H,\sigma_L)}*I_H + I_{b^*}*p_r \tag{2-11}$$

利用式（2-10）、式（2-11）进行 CCF 检测的结果以及在 CCF 特征基础上进行区域生长病斑分割，结果如图 2 – 69 所示，CCF 检测中所采用的参数取值为：$\sigma_H = 5$，$\sigma_L = 4$，$r = 3$，$\beta = 3$。在 CCF 特征图的基础上，通过人机交互的方式选择种子点进行病斑图像分割，得到初始分割结果。对初始分割结果二值图进行形态学处理，优化分割结果。将优化的分割结果与原图像进行掩码运算，得到最终病斑分割结果。

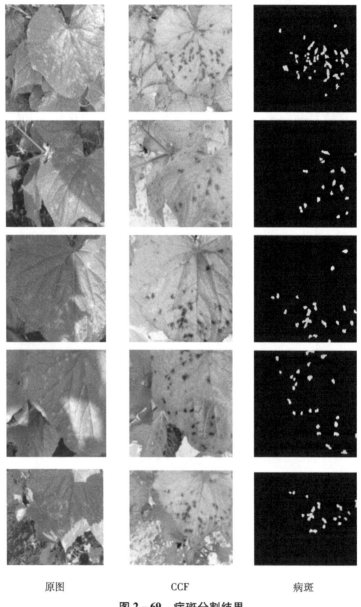

原图   CCF   病斑

图 2 – 69　病斑分割结果

从图 2 – 69 可以看出，在光照条件不均匀的叶片病害图像中，本研究提出的 CCF 特征依然能够对病斑和正常叶片进行区分，在此基础上进行区域生长分割，能够准确地获取病斑图像。

为验证本研究算法的准确性，采用了 OTSU 算法（以 H 分量为颜色特征，阈值 0.3）、K 均值聚类算法（以 H 分量和 b^* 分量作为颜色特征进行聚类）进行对比分析，结果如图 2 – 70 所示。

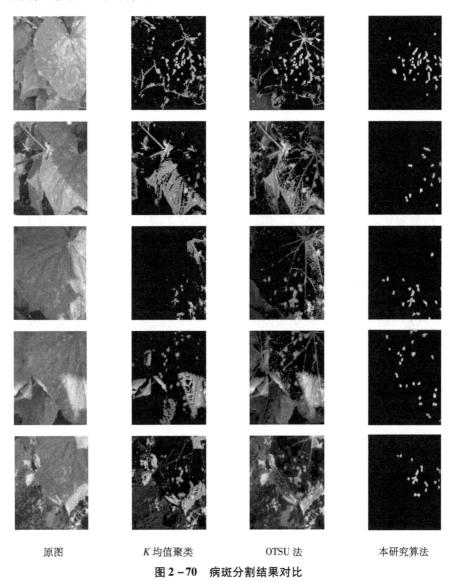

| 原图 | K 均值聚类 | OTSU 法 | 本研究算法 |

图 2 – 70　病斑分割结果对比

从图 2-70 可以看出，均值聚类方法和 OTSU 阈值分割方法受光照条件不均匀和复杂背景的影响，均难以从病害图像中准确地分割病斑。受光照影响比较严重的部分，很容易被误判为病斑部分，并且图像中的复杂背景也降低了分割结果的准确率。相比较而言，该系统病斑分割方法展示出了良好的分割效果及鲁棒性。为进一步评价分割方法的准确性，采用分割准确率对分割效果进行定量评价，分割准确率的计算见式（2-12），分割准确率的数值越大，表明分割效果越好。

$$P = \frac{T_p}{T_p + F_p} \tag{2-12}$$

式中，P 为分割准确率；T_p 为正确分割的病斑像素比例；F_p 为错误分割的病斑像素比例。3 种分割方法［本研究方法（即基于 CCF 和区域生长的病斑分割算法）、K 均值聚类方法和 OTSU 阈值分割方法］的准确率分别为 97.29%、63.64% 和 56.31%，此结果为 170 幅温室黄瓜病害图像分割准确率的平均值。从定量评价的结果来看，该分割方法的准确率明显高于对比方法。分割结果表明，该病斑图像分割方法能够在充分克服光照条件不均匀和复杂背景的情况下，准确地获取病斑图像，从而为下一步基于卷积神经网络的病害识别提供准确的数据源。

2.7.2 设施蔬菜病害识别模型研究

2.7.2.1 基于浅层机器学习的设施蔬菜病害识别模型

（1）基于 BP 神经网络的设施蔬菜病害识别分类器。本研究构建 BP 三层神经网络，其隐含层神经元数量的取值范围为［3，13］。隐含层神经元数量与神经网络的训练效率关系如图 2-71 所示。

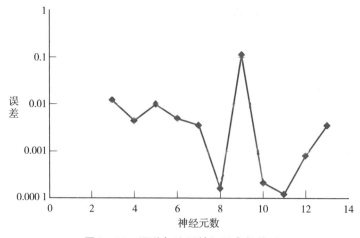

图 2-71　误差与隐层神经元个数关系

由图 2 - 71 可以看出，当隐层节点数选择为 11 时，神经网络的误差达到最小值，因此，本研究在构建 BP 三层神经网络时，隐层神经元个数确定为 11 个。

设施蔬菜病害识别是一个二分类问题，因此，本研究输出层的传递函数选择可以将输出结果限制在 0 ~ 1 范围内的对数 Logsig 函数。隐含层的传递函数，同样选用 Logsig 函数。训练函数选择具有收敛快、误差小等特点的 Levenberg - Marquardt 函数。

综上，本研究构建的三层 BP 神经网络模型如图 2 - 72 所示。

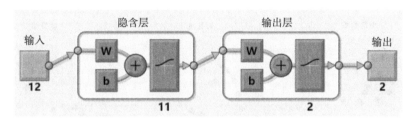

图 2 - 72 三层 BP 神经网络模型

采用图 2 - 72 中的 BP 三层神经网络进行训练，最大迭代次数设置为 200，目标误差设置为 0.001。

从训练结果可以看出，该三层 BP 神经网络对设施蔬菜视频特征数据进行识别训练只需 14 次，训练的效率较高。采用的验证数据为 20 幅设施蔬菜图像，其中白粉病 10 幅，霜霉病 10 幅，验证数据如图 2 - 73 所示。

利用训练好的 BP 神经网络模型对测试数据进行分类，分类结果如图 2 - 74 所示。

由图 2 - 74 可知，正确分类的样本为 17 幅，错误样本为 3 幅，因此，三层 BP 神经网络得到的准确率为 85%。

（2）基于 SVM 的设施蔬菜病害识别分类器。采用 LIBSVM3.2.1 版本构建 SVM 分类器，从 79 幅病害视频关键帧显著性图像（其中霜霉病 41 幅，白粉病 38 幅）中提取的特征，组成 79 × 12 矩阵作为 SVM 分类器的输入数据，采用 20 幅设施蔬菜图像作为验证数据。

由于支持向量机的准确度对于核函数的选择依赖程度非常高，因此，构建 SVM 分类器的重点就是选择一个合适的核函数；同时，核函数参数 g 和惩罚因子 C 的确定，也影响了 SVM 的精度。因此，本研究在构建 SVM 分类器时，首先选择核函数，然后再优化计算核函数参数 g 和惩罚因子 C 的数值。在本试验中，本研究首先采用经验确定参数 g 取值为 1，C 取值为 2，测试不同核函数的 SVM 分类器准确率，结果如图 2 - 75 所示。

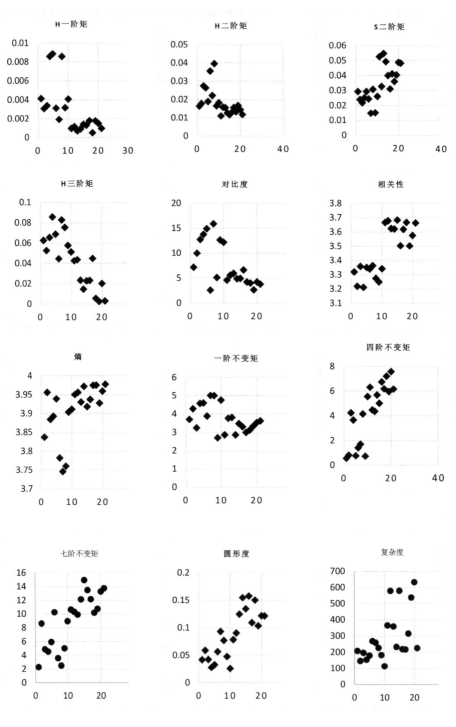

图 2-73　测试数据

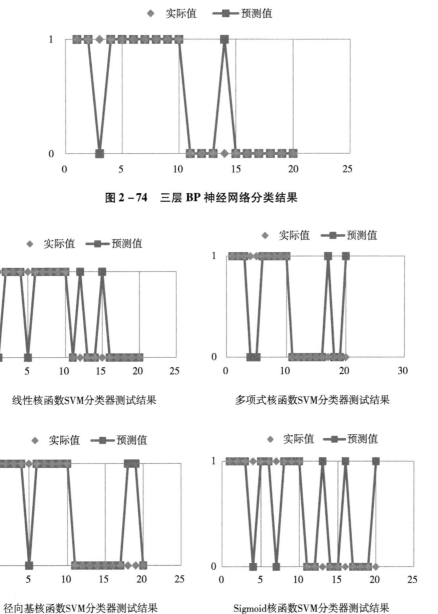

图 2 - 74　三层 BP 神经网络分类结果

线性核函数SVM分类器测试结果

多项式核函数SVM分类器测试结果

径向基核函数SVM分类器测试结果

Sigmoid核函数SVM分类器测试结果

图 2 - 75　不同核函数的 SVM 分类器测试结果

不同核函数下 SVM 分类器分类结果如图 2 –76 所示。

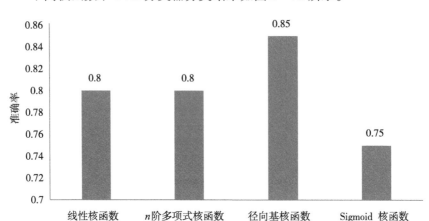

图 2 –76　不同核函数 SVM 分类器的准确率

由图 2 –76 可知，在随机设置的核函数情况下，SVM 的分类器效果并不好，因此，有必要对核函数参数 g，惩罚因子 C 的取值进行优化。

目前，核函数参数 g 和惩罚因子 C 的确定并没有通用的做法，目前通用的方法是将 g 和 C 固定在一个范围内，然后利用交叉验证的方式，选择分类准确率最高的一组 g 和 C 的组合作为分类的结果。本章在确定核函数参数 g 和惩罚因子 C 时，采用 K – fold Cross validation 方法，将原始训练数据平均分为 K 个子集，分类利用这 K 个数据集构建 K 个 SVM 分类器，最终利用 K 个分类器的准确率平均值作为其性能指标。

通过参数计算，当 g 取值为 0.25，C 取值为 0.25 时，径向基核函数 SVM 分类器的准确率达到最高。

经过参数优化计算后，不同核函数 SVM 分类器分类结果如图 2 – 77 所示。

由图 2 –78 可知，经过参数优化计算后，所有核函数 SVM 分类器的分类准确率得到了提高，径向基 SVM 分类器的分类准确率最高，达到了 90%。

（3）基于决策树的设施蔬菜病害识别分类器。采用 79 × 12 矩阵作为决策树分类器的输入数据，训练的决策树模型如图 2 –79 所示。

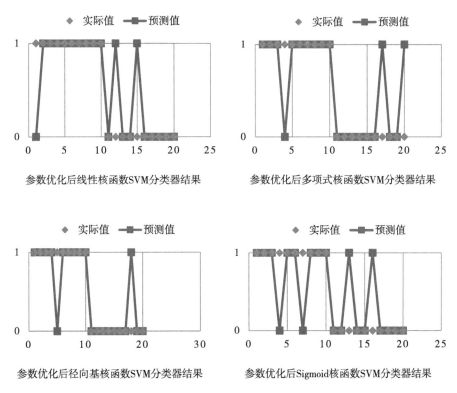

图 2-77 参数优化后不同核函数 SVM 分类器结果

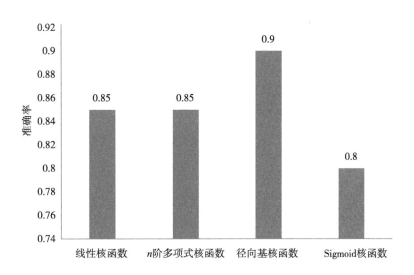

图 2-78 参数优化后不同核函数 SVM 分类器的准确率

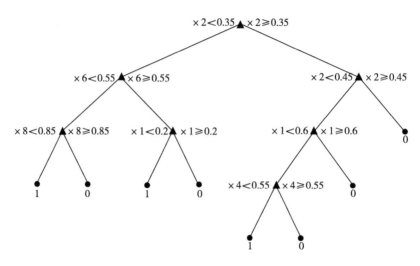

图 2-79　初始决策树模型

在获取了初步的决策树模型后，为进一步提高分类的效率和准确率，对构建的决策树模型进行剪枝。采用决策树的剪枝方法，采用交叉验证错误率来决定决策树模型的剪枝层数。其中，交叉验证错误率与决策树模型剪枝层数之间的关系如图 2-80 所示。

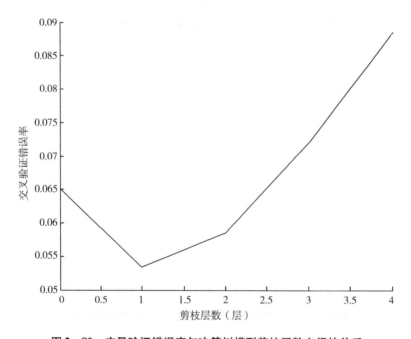

图 2-80　交叉验证错误率与决策树模型剪枝层数之间的关系

由图 2 - 80 可以看出，当剪枝层数为 1 层时，决策树模型的交叉验证错误率达到了最低，构建的决策树模型优化后的结果如图 2 - 81 所示。

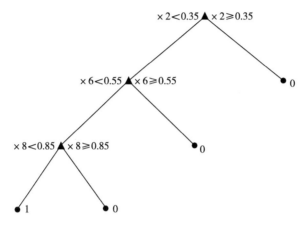

图 2 - 81　优化后的决策树模型

获得优化后的决策树模型，采用 20 幅监控视频关键帧图像中提取的特征数据，对模型进行验证，得到的分类结果如图 2 - 82 所示。

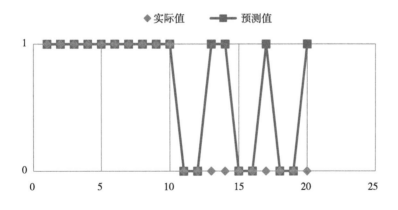

图 2 - 82　优化后的决策树模型分类结果

通过图 2 - 82 可知，正确分类的样本为 16 幅，错误样本为 4 幅，因此，决策树模型得到的准确率为 80%。可见，优化后的决策树分类器依然没有取得一个理想的分类效果。

2.7.2.2 基于深度学习的设施蔬菜病害识别模型

深度学习是目前机器学习领域的研究热点，卷积神经网络作为目前最有效的深度学习方法之一，为病害准确识别诊断提供了一种新的思路。充分利用卷积神经网络以图像作为输入，并且能够从训练数据中自动学习分类特征而不需要人工特征提取的优点，构建一种基于卷积神经网络的温室黄瓜病害识别方法，将卷积神经网络应用到设施蔬菜病害识别研究中。以田间实际环境中采集的病害图像作为输入，利用图像分割方法，获取病斑图像；在 Lenet5 结构的基础上，结合病斑图像数据的特点，构建适用于温室黄瓜病害识别的卷积神经网络结构，开展温室黄瓜常见病害识别研究。

一个常见的卷积神经网络通常由卷积层、池化层、ReLU 层和全连接层组成。卷积神经网络结构主要参考了 Lenet5 结构。Lenet5 结构对数据量相对较小的训练数据集有较好的处理能力，并且易于实现，识别效率较高。在 Lenet5 结构的基础上，结合设施蔬菜病斑图像数据特点，对网络的结构和参数进行了调整和优化。由于设施蔬菜病斑的面积较小，且数量较多，考虑到卷积网络运行的效率，输入层病斑图像应选择相对合适的尺寸。该系统卷积神经网络结构如图 2 – 83 所示。从图 2 – 83 中可以看出，卷积神经网络以温室黄瓜病斑 RGB 图像作为输入，输入图像尺寸为 20 × 20 × 3，共包含 3 个模块。第 1 模块包含 1 个卷积层、1 个 ReLU 层和 1 个池化层。卷积层中的卷积核尺寸通常为 3 × 3 像素或 5 × 5 像素等，在卷积神经网络结构中较浅层次的卷积层中采用相对较大的卷积核，能够充分获取输入图像的特征，提高卷积运算的效果。该系统卷积神经网络结构中，第 1 模块卷积层采用 20 个大小为 5 × 5 的卷积核，用于提取输入数据的特征，生成相应的特征图。池化层卷积核的大小为 2 × 2，步长为 2，通过最大降采样（Max pooling）方法，减小特征图的大小，从而降低参数的数量和网络的计算量，控制过拟合现象的产生。第 2 模块包含 1 个卷积层、1 个 ReLU 层和 1 个池化层。卷积层采用 100 个大小为 3 × 3 的卷积核，池化层的大小和步长与第 1 模块相同。第 3 模块包含 2 个全连接层，将卷积后生成的特征图转化为一维向量作为分类器的输入，全连接层的神经元个数分别为 1 000 和 1 500。输出层包含 2 个神经元，分别代表温室黄瓜霜霉病和白粉病，输出层分类函数采用 Softmax 函数。

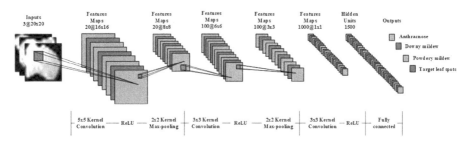

图 2 – 83　卷积神经网络结构

注：3@20×20 代表 3 幅 20×20 像素的特征图，余同。卷积层 1 中卷积核大小为 5×5，数量为 20；卷积层 2 中卷积核大小为 3×3，数量为 100；全连接层 1 和全连接层 2 中神经元个数分别为 1 000 和 1 500。局部连接采用 ReLU 激活函数实现。

在获取温室黄瓜病斑图像后，经过初步筛选，剔除质量相对较低的病斑图像，构建初始病斑图像集，共包含 1 184 幅病斑图像，其中炭疽病 229 幅、霜霉病 415 幅、白粉病 332 幅和靶斑病 208 幅。由于卷积神经网络的训练需要大量的训练数据，而该研究通过病斑图像分割方法构建的病害图像数据集的数据量相对较小，为进一步提高病害识别准确率，避免过拟合现象的发生，通过数据增强方法对病害数据集进行扩充。由于卷积神经网络的输入图像尺寸较小，因此数据增强采用不会缩小输入图像尺寸的方法。该系统采用的数据增强方法为：将原始病害图像数据集分别旋转 90°、180° 和 270°，然后进行水平和垂直翻转。通过数据增强方法，能够将原始数据集扩充 12 倍。数据增强后的病害图像数据集共包含 14 208 幅温室黄瓜病斑图像，其中炭疽病 2 748 幅、霜霉病 4 980 幅、白粉病 3 984 幅、靶斑病 2 496 幅，如表 2 – 1 所示。

表 2 – 1　病害数据集　　　　　　　　　　　（单位：幅）

病害	原始数据集	扩充数据集	训练	验证	测试
炭疽病	229	2 748	1 716	432	600
霜霉病	415	4 980	3 108	780	1 092
白粉病	332	3 984	2 352	588	1 044
靶斑病	208	2 496	1 452	492	552
合计	1 184	14 208	8 628	2 292	3 288

建立数据集后，系统采用梯度下降算法对卷积神经网络进行训练和验证。为评价病害识别分类器的效果，采用混淆矩阵作为评价方法。从混淆矩阵（表 2 – 2）中可以看出，病害识别分类器的准确率为 93.4%，表明

模型识别的病害类别能够与病害实际类别匹配。从单个病害种类的识别结果来看，霜霉病的识别准确率最高（F1 = 97.0），在 1 100 个预测结果中，96.7% 的预测是正确的，类似地，炭疽病的识别准确率为 82%，白粉病的识别准确率为 98.2%，靶斑病的识别准确率为 91.8%。

表 2-2　病害识别结果混淆矩阵

病害	炭疽病	霜霉病	白粉病	靶斑病	准确率（%）	敏感度（%）	F1 值
炭疽病	559	1	43	79	82.0	93.2	87.2
霜霉病	10	1 064	13	13	96.7	97.4	97.0
白粉病	12	5	988	1	98.2	94.6	96.4
靶斑病	19	22	0	459	91.8	83.2	87.3
准确率（%）				93.4			

　　为进一步表明该方法的有效性，采用传统的病害识别方法，如支持向量机（Support vector machine，SVM）和随机森林（Random forest，RF）作为对比。传统的病害识别方法采用由图像分割、特征提取和模式识别 3 个环节组成的固定模式。在病斑图像分割后，提取病斑的颜色和纹理特征，提取的特征包括病斑图像 RGB、HSV 和 GIE $L^*a^*b^*$ 共 3 个颜色空间 9 个颜色分量的平均值和标准差 2 个颜色特征，以及在此基础上结合灰度共生矩阵提取各颜色分量的对比度、相关性、熵和平稳度 4 个纹理特征，共计 54 个特征。在模型构建之前，需要图像特征进行选择。将所有特征两两分析并计算 Pearson 相关系数，根据计算结果及该特征对分类器的贡献，剔除相关性较高及对分类器贡献较小的特征，直到所有特征的 Pearson 相关系数小于 | 0.7 |。最终将 54 个特征简化，采用 20 个特征构建传统病害识别分类器，特征选择具体结果如表 2-3 所示。

表 2-3　特征选择结果

颜色分量	特征
RGB 颜色空间 G 分量	均值，对比度，相关性，能量，平稳度
HSV 颜色空间 H 分量	均值，对比度，相关性，能量
HSV 颜色空间 S 分量	对比度，相关性，平稳度
CIE $L^*a^*b^*$ 颜色空间 a^* 分量	均值，方差，相关性，能量
CIE $L^*a^*b^*$ 颜色空间 b^* 分量	均值，对比度，能量
CIE $L^*a^*b^*$ 颜色空间 L^* 分量	对比度

基于选择的 20 个特征，构建传统病害识别分类器，分类结果如表 2 - 4 所示。

表 2 - 4 传统分类器识别结果

病害	炭疽病	霜霉病	白粉病	靶斑病	准确率（%）	敏感度（%）	F1 得分
支持向量机（SVM）							
炭疽病	332	7	131	49	64.0	83.0	72.3
霜霉病	0	368	0	10	97.4	92.0	94.6
白粉病	4	0	269	0	98.5	67.3	80.0
靶斑病	64	25	0	341	79.3	85.3	82.2
准确率（%）				81.9			
随机森林（RF）							
炭疽病	339	0	6	95	77.0	84.8	80.7
霜霉病	0	374	3	30	91.9	93.5	92.7
白粉病	3	3	385	17	94.4	96.3	95.3
靶斑病	58	23	6	258	74.8	64.5	69.3
准确率（%）				84.8			

从识别结果中可以看出，SVM 的识别准确率为 81.9%，RF 的识别准确率为 84.8%。与传统的病害识别方法相比，卷积神经网络展示出了更高的识别准确率。在具体到单一病害的识别中，与卷积神经网络类似，传统病害识别方法对霜霉病和白粉病的识别准确率依然较高。针对霜霉病和白粉病，虽然传统病害识别方法与卷积神经网络的准确率相差不大，但是卷积神经网络对炭疽病和靶斑病的识别准确率较高，表明卷积神经网络对图像质量具有更好的鲁棒性。

图 2 - 84 为采用温室现场采集的黄瓜霜霉病图像对构建的病害识别方法进行验证的结果。从图 2 - 84 可以看出，构建的病害识别方法取得了良好的识别结果，表明该方法能够实现准确的温室黄瓜常见病害识别。

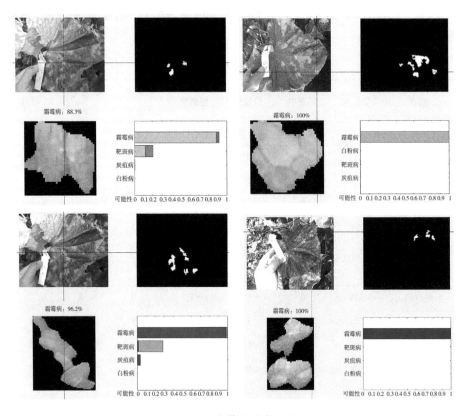

图 2 - 84　温室黄瓜病害识别结果

2.7.3　设施蔬菜病害定量诊断模型研究

霜霉病是温室黄瓜常见病害之一。随着计算机视觉和机器学习技术在作物病害诊断领域的应用，对于黄瓜霜霉病的准确识别已经取得了丰富的研究成果。但是，这些研究大部分停留在对温室黄瓜霜霉病的定性识别，而缺少对病害严重度的关注。病害程度不同，用药剂量也不一样。所以，准确掌握病害严重程度，能够指导农民科学合理用药，减少农药残留，提高蔬菜品质。

目前，温室黄瓜霜霉病严重度分级并没有统一的标准。通过文献分析发现，对黄瓜霜霉病严重程度进行分级的指标主要有 3 种：根据发病植株个数占总植株个数的百分比、单株植株病叶数占全株叶片数的百分比和单片病叶病斑面积占叶片面积的百分比。基于单片黄瓜叶片图像进行黄瓜霜霉病严重度估算，故采用单片黄瓜叶片病斑面积占叶片面积的百分比作为分级依据。根据行业标准《黄瓜主要病害抗病性鉴定技术规程》（NY/T 1857—2010），本研究在温室黄瓜霜霉病病害严重度定量估算结果的基础上，进一步根据定量估算结果进行病害严重程度分级，分级标准见表2 –5。

表2 –5　黄瓜霜霉病严重度分级

病害等级	症状描述
0 级	无症状
1 级	病斑面积占叶面积10%以下
3 级	病斑面积占叶面积10% ~25%
5 级	病斑面积占叶面积25% ~50%
7 级	病斑面积占叶面积50% ~75%
9 级	病斑面积占叶面积75%以上

卷积神经网络（Convolutional neural network，CNN）是近年兴起的一种深度学习方法，在植物病害识别领域应用广泛。卷积神经网络能够通过大量训练数据进行特征的自动提取，无须手动选取特征，已成为植物病害识别与诊断领域的研究热点。以温室黄瓜霜霉病图像作为输入，构建适用于病害严重度估算的卷积神经网络结构，以病斑占其叶片面积百分比作为输出，定量估算病害严重程度，根据病害分级标准，计算得出温室黄瓜霜霉病病害等级。本研究卷积神经网络结构如图2 – 85 所示，输入图像为黄瓜霜霉病 RGB 图像，尺寸为 $128 \times 128 \times 3$（宽 128 像素、高 128 像素、3个颜色通道）。该网络结构共包含 5 个卷积层，每个卷积层中卷积核的个数分别为32、64、128、256 和512，所有卷积层中均采用大小为 5×5 的卷积核。为保持卷积层的输入、输出数据在空间维度的不变，在第 2 个和第3 个卷积层上使用边界填充。为提高模型训练速率，在卷积层后设置了批标准化层。本研究卷积神经网络中包含 4 个池化层，其中卷积核大小为 2×2，步长为2，池化函数为平均池化。网络包含 2 个全连接层，神经元个数分别为 1 000 和1。为抑制过拟合现象，在全连接层之前，设置丢弃率为50% 的 Dropout 层。本网络结构中卷积层和全连接层全部采用线性校正单元（ReLU）激活函数。

采用随机梯度下降法（Stochastic gradient descent，SGD）进行 CNN 模型的训练，Mini – batch 大小设为 64。学习率初始化为 0.001，并且每 20次训练以 0.1 的下降因子下降，最大训练次数设定为 300。在网络训练之前，将 140 幅样本图像以 8：2 的比例划分为训练集和测试集。为提升训练效果，进一步扩充数据量，本研究采用旋转、反转等方式分别对训练集和

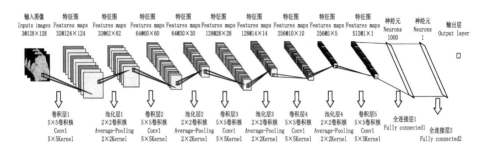

图2-85　卷积神经网络结构

测试集进行扩充，扩充后的数据集共包含 3 640 幅温室黄瓜霜霉病图像，其中训练集 2 912 幅，测试集 728 幅。

本研究采用 CVCF 结合支持向量机进行病斑分割，部分病斑图像分割结果如图 2-86 所示。本研究采用病斑分割错分率对分割结果进行评估。由于本研究在病害图像预处理时将背景进行了剔除，因此病斑分割取得了较好的准确率，错分率仅为 9%，为下一步病害严重度定量估算奠定了良好的基础。

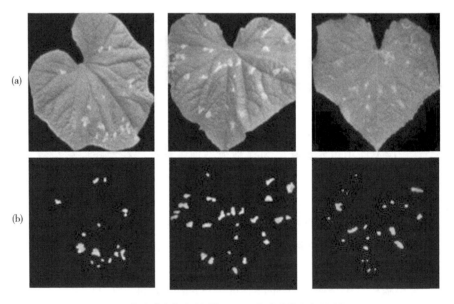

（a）黄瓜霜霉病叶片图像；（b）黄瓜霜霉病病斑图像

图2-86　黄瓜霜霉病病斑分割结果

模型的估算结果如图 2-87 所示。从结果中可以看出，基于 CNN 的估算模型取得了最高的估算准确率，其估算结果的 R^2 为 0.919 0，NRMSE

为 23.33%。

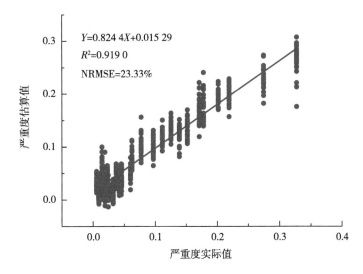

$Y=0.824\ 4X+0.015\ 29$
$R^2=0.919\ 0$
NRMSE=23.33%

图 2 – 87　温室黄瓜霜霉病严重程度估算结果

　　根据本研究黄瓜霜霉病严重度分级标准，将基于 CNN 的估算模型的 728 个测试样本进行分级，分级结果如表 2 – 6 所示。本研究采用了准确率、敏感度和 F1 值进行准确率评估。其中，准确率指某一病害等级中正确分类的样本数占被分类为该病害等级的所有样本的百分比；敏感度指某一病害等级中正确分类的样本数占该病害等级实际样本数的比例；F1 值是指准确率和敏感度的调和均值。从分级结果可知，针对 728 个测试样本，本研究基于 CNN 的估算模型实现了 670 个样本的正确分级，准确率为 92%。从单一病害等级的分级结果来看，基于 CNN 的估算模型对于温室黄瓜霜霉病严重度相对较低的情况，如 1 级和 3 级，能够取得较高的准确率，其 F1 值分别为 0.97 和 0.88，而对于温室黄瓜霜霉病严重度相对较高的情况，如 5 级，其准确率出现了一定的下降，F1 值为 0.65。造成模型准确率下降的原因在于 CNN 模型训练集中，温室黄瓜霜霉病严重度相对较高的标签数据量较低。因此，在进一步的研究中，本研究拟进一步扩充病害数据量，进一步提升模型的准确率。

表 2 - 6 温室黄瓜霜霉病严重度分级估算结果

病害等级	1 级	3 级	5 级	7 级	9 级	准确率（%）	敏感度（%）	F1 值
1 级	441	4	0	0	0	99.1	94.2	0.97
3 级	27	204	27	0	0	79.1	98.1	0.88
5 级	0	0	25	0	0	100.0	48.1	0.65
7 级	0	0	0	0	0	0	0	0
9 级	0	0	0	0	0	0	0	0
准确率（%）			92.0					

2.7.4 设施蔬菜长势监测模型研究

传统的设施蔬菜生物量测量是人工采集蔬菜，分别称量叶片及根部鲜重，然后将叶片和根烘干，测量各自干重，这种方法虽具有较好的数据可靠性，但效率低、耗费时间和资源，具有破坏性，且造成的损害是不可逆的，所以建立生物量无损预测模型对于设施蔬菜产量预测及栽培管理均具有重要的现实意义。生菜是目前种植比较广泛的设施蔬菜之一，且生长周期较短，及时、准确地对生物量做出预测，了解生菜的长势，才能使农民采取更有针对性的种植策略，从而达到增收增产的目的，并获取更高的蔬菜品质。

研究采用卷积神经网络模型对阿奎诺和科莉两个常见生菜品种进行生物量估算。在定植后第 7 天、第 14 天、第 21 天和第 28 天分别采集 2 个品种各 27 个样本的图像数据，同时测量其干重和鲜重。获取数据后，利用图 2 - 85 所示卷积神经网络对设施生菜的生物量进行估算，结果如图 2 - 88 所示。

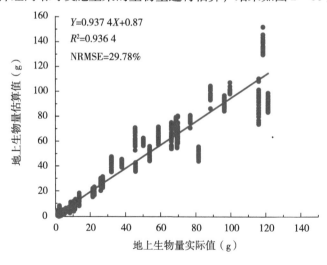

图 2 - 88 设施生态地上生物量估算结果

从结果可以看出，基于 CNN 的估算模型取得了最高的估算准确率，其估算结果的 R^2 为 0.936 4，NRMSE 为 29.78%。对阿奎诺和科莉 2 个品种的估算结果如图 2 - 89 所示。

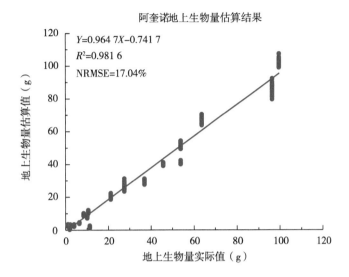

阿奎诺地上生物量估算结果

$Y=0.964\ 7X-0.741\ 7$
$R^2=0.981\ 6$
NRMSE=17.04%

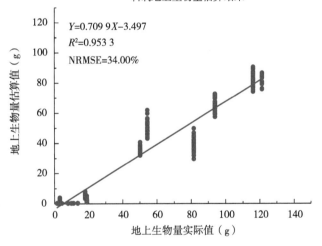

科莉地上生物量估算结果

$Y=0.709\ 9X-3.497$
$R^2=0.953\ 3$
NRMSE=34.00%

图 2 - 89　不同品种的地上生物量估算结果

从结果可以看出，基于 CNN 的估算模型对阿奎诺估算结果的 R^2 为 0.981 6，NRMSE 为 17.04%；对科莉估算结果的 R^2 为 0.953 3，NRMSE 为 34.00%。

2.7.5 设施蔬菜最优控制模型研究

TTRHOC 通常是单闭环的，即作物生产最优控制仅在温室生产开始前计算一次，然后将慢状态 x_s 和慢协状态 λ_s 用于 RHOC 的成本函数。双闭环 TTRHOC 的原理如图 2 - 90 所示，每天慢状态 x_s 的更新通过"软传感"的方式自动获取，即根据内环每天运行时测量所得每个采样时刻的温室环境状态以及外界真实天气数据，以及保存的分段常值控制输入，根据作物模型计算作物状态作为对内环真实作物状态的估计。以"软传感"数据作为每天作物状态反馈的初始值，以前一天开环计算所得最优控制结果作为初始猜测，以当前时刻至温室生产结束为控制时域，更新外环的计算。外环更新计算所得的慢状态 x_s 和慢协状态 λ_s 应用于内环 RHOC 的成本函数，直至下一次更新计算时刻。

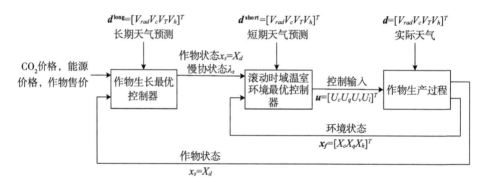

图 2 - 90　双闭环 TTRHOC 原理

外环计算的慢状态 x_s 可作为作物长势的预估，而内环由于其计算的控制输入直接应用于真实的温室生产系统，因而可运用测量数据和控制输入数据通过对作物模型积分而得到真实的作物状态。由于外环计算的 x_s 将用于内环计算的成本函数，因而若外环计算慢状态 x_s 与内环计算的真实作物状态不同，将会导致内环计算应用成本函数的误差，从而影响系统的控制性能。而外环的实现使内外环之间可以通过"软传感"的反馈来抵消 x_s 与内环真实作物状态之间的误差。

表 2 - 7 展示了开环计算分析经济指标成本函数误差对经济效益的影响，分别计算了作物价格和控制成本与真实值之间有 ±50% 误差的结果，与无经济指标成本函数误差时的结果作对比，以百分数的形式显示在括号中。

表 2 - 7　经济指标成本函数误差带来的影响

长期预测	效益（ $/m^2$ ）	干物质（ kg/m^2 ）
完美	1.663 7	0.135 2
50% 作物售价	1.614 1 （ -2.98% ）	0.125 5 （ -7.17% ）
150% 作物售价	1.660 6 （ -0.19% ）	0.136 6 （ +1.04% ）
50% 控制成本	1.648 3 （ -0.93% ）	0.136 9 （ +1.26% ）
150% 控制成本	1.642 9 （ -1.25% ）	0.130 7 （ -3.33% ）

由表 2 - 7 可以发现，当作物售价被低估时，最优控制的结果会使作物收获减少，反之亦然，但是经济效益均低于无作物售价误差时。而当控制成本被低估时，最优控制的结果会使作物收获增加，反之亦然，但是经济效益同样低于无控制成本误差时。表 2 - 7 可以作为实现外环对经济效益改善的初始感受，可以理解为双闭环 TTRHOC 开始后一直可以根据真实的作物售价和控制成本实现外环更新计算带来经济效益的提高。即使这种情况下，在 ±50% 的误差内对经济效益的改善也低于 2.98% 。而当外环更新周期为 1d 时，这种改善会更低。

当实现单闭环 TTRHOC 后，若长期天气预测存在误差，则温室环境状态可通过闭环反馈使之满足状态约束，因而此时闭环经济效益可以直接体现长期天气预测误差带来的影响，因而本研究通过单闭环计算长期天气预测误差对闭环经济效益带来的影响。由于外界天气中太阳辐射对经济效益的影响最大也最有可能产生预测误差，本研究选取当存在 ±50% 的长期太阳辐射预测误差时对闭环经济效益的影响，与完美长期天气预测时的结果对比如表 2 - 8 所示。

表 2 - 8　长期天气预测误差对单闭环 TTRHOC 造成的影响

长期预测	效益（ $/m^2$ ）	干物质（ kg/m^2 ）
完美	1.561 9	0.120 0
50% 太阳辐射	1.530 7 （ -1.99% ）	0.115 4 （ -3.83% ）
150% 太阳辐射	1.560 4 （ -0.096% ）	0.119 6 （ -0.33% ）

对比表 2 - 7 和表 2 - 8 看出，即使长期天气预测和成本函数都没有误差，开环经济效益和闭环经济效益的值也有不同。这是由于内外环在不同时间尺度对于状态约束的满足不同，以及内环应用了"懒人"短期天气预测和 1h 控制时域对控制性能有一定程度的下降，只是在没有引入 LED 补

光时这种不同不显著。

由表2-7和表2-8可知，当不对双环（DG）引入LED补光时，实现外环并不会带来较大的经济效益改善。然而若对DG引入LED补光，随着作物生长速度的加快，外环计算所得慢状态 x_s 和内环计算真实作物状态之间差距将会变大，因而本研究将会讨论引入LED补光之后双闭环相比单闭环对经济效益的改善，如表2-9所示。

表2-9　单闭环和双闭环TTRHOC所得经济效益和作物收获

TTRHOC	效益（$/m²）	干物质（kg/m²）
单闭环	1.947 5	0.553 4
双闭环	2.424 7（24.50%）	0.741 6（34.01%）

由表2-9可以发现，引入LED补光之后，通过实现外环，可以将单闭环中的经济效益提高24.50%，作物收获提高34.01%。

为了研究双闭环TTRHOC的在线可实施性，未引入LED补光和引入LED时TTRHOC内外环的PC计算时间如表2-10所示。考虑到1d的外环更新时间以及2min的内环更新时间，两种情况下的双闭环TTRHOC均可实现在线实施。然而由于LED补光以及外环的实现可以带来更大程度经济效益的提高，因而本研究更推荐第二种情况。

表2-10　内外环计算时间

TTRHOC	外环计算时间（min）	内环计算时间（s）
不引入LED补光（50d）	30	10
引入LED补光（20d）	5	40

本研究实现双闭环TTRHOC相比单闭环TTRHOC对温室生菜生产最优控制经济效益的提高。外环计算所需的长期天气预测、作物售价、控制成本通常存在误差，被认为会对TTRHOC闭环经济效益带来较大的影响。然而在本研究中发现，对于不引入LED补光的DG，存在50%的作物售价或控制成本时，实现外环对经济效益带来的提高不超过2.98%。这种情况下，考虑到更新外环计算所需的计算时间以及可能带来的收敛不稳定性，用户须要谨慎选择是否实现外环的闭环。当存在长期天气预测误差时，单闭环TTRHOC通过反馈作用使温室环境状态满足其约束。当存在50%的长期太阳辐射预测误差时，在本研究中对于经济效益的提高不超过1.99%

当没有引入 LED 补光时，慢状态 x_s 和内环计算作物状态之间误差并不显著，导致即使实现外环闭环对经济效益的改善也并不显著。但是引入 LED 补光之后，随着作物生长速度的加快，外环开环计算所得慢状态和慢协状态与其真实值之间的差距将会变大，此时实现外环会带来较大经济效益改善，在本研究的仿真中相对单闭环 TTRHOC 将会提高经济效益24.50％。此外，考虑到 LED 补光的引入会使作物生长季节缩短为 20d，因而本研究推荐引入 LED 补光并实现双闭环 TTRHOC。并且，本研究通过计算时间验证了双闭环 TTRHOC 的在线可实施性。

2.7.6　设施蔬菜数据预处理模型研究

采用基于联合卡尔曼滤波算法对设施蔬菜数据进行融合处理，数据处理结构如图 2 - 91 所示。该算法的应用不仅可以有效减少数据冗余，还具备较强的容错纠错能力，鲁棒性也有较大幅度的提高。

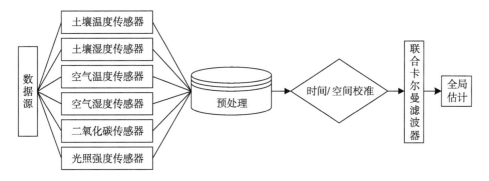

图 2 - 91　采集数据融合处理结构框

联合卡尔曼滤波器的通常思路是先分散处理，再全局融合。在实际温室多传感器采集数据融合处理的过程中，先从六类非相似子传感器中选择一个监测面广、信号输出效率高、精度要求能够绝对保证的子传感器作为对应的环境参考传感器，再与其他布设的子传感器两两结合，构成若干个局部滤波器。局部滤波器分别并行运算，基于局部滤波器的测量得出最优估计，并在主滤波器内将这些局部最优估计按融合算法合成，进而得出基于所有测量数据的全局估计。根据信息分配策略不同，联合滤波器有不同的结构。图 2 - 92 为一般情况下的联合卡尔曼滤波器结构简图。

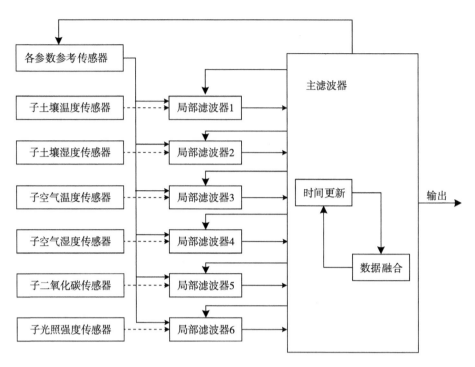

图 2 - 92 联合卡尔曼滤波器结构简图

选取合适的联合卡尔曼滤波器结构后,具体温室内部环境数据的融合处理流程按照以下 3 个步骤。

(1)监测采集环境参数阈值的预先划分。

(2)以土壤湿度传感器实测蔬菜根部土壤含水率为例,参考蔬菜作物的生理需水特性,适宜蔬菜生长最佳湿度在 50% ~70% 范围内,并将其设定为数据融合处理的阈值。若采集到的土壤湿度信息不在此设定的阈值范围内,对这部分采集数据针对性地剔除不做融合处理;若采集到的数据在此设定的阈值范围内,则对阈值范围内的数据进行卡尔曼滤波去噪声处理,再将处理后的数据传输至汇聚终端。另外布设的多个同参数传感器,选取一个稳定性和准确度最佳的传感器作为参考主传感器,与其他子传感器两两结合。

(3)构建联合卡尔曼滤波数学模型。

滤波器的局部状态方程见式(2 - 13)。

$$X_i(k+1) = \Phi(k)X_i(k) + \Gamma(k)W(k) \qquad i = 1, 2, 3, \cdots n$$

$$(2 - 13)$$

式中,$\phi(k)$ 为时变状态转移矩阵;$X(k)$ 是 k 时刻的状态向量;$\Gamma(k)$ 是系统干扰矩阵;$W(k)$ 是模型噪声向量,可看作是零均值的高斯白噪声,且

有方差阵 $Ew = (k)w(k)' = Q_k(Q_k > 0)$。

局部测量方程见式（2-14）。

$$Z_i(k) = H_i(k)X_i(k) + V_i(k) \qquad i = 1,2,3\cdots,n$$

$$(2-14)$$

式中，Z_k 为 k 时刻的观察向量；H_k 为观察矩阵；V_k 是测量噪声向量。假定为零均值高斯白噪声，有方差矩阵 $Ev_k v_k' = R_k$（$R_k > 0$）。

局部滤波器递推算法见式（2-15）至式（2-19）。

$$\hat{X}(k+1/k) = \Phi(k)\hat{X}_i(k/k) \qquad (2-15)$$

$$P_i(k+1/k) = \Phi(k)P_i(k/k)\Phi(k)^T + \Gamma(k)Q(k)\Gamma(k)^T \quad (2-16)$$

$$K_i(k+1) = P_i(k+1/k)H_i(k+1)\left[H_i(k+1)P_i(k+1/k)H_i(k+1)^T + R\right]^{-1}$$

$$(2-17)$$

$$\widehat{X}_i(k+1/k+1) = \hat{X}_i(k+1/k) + K_i(k+1)[Z_i(k+1) - H_i(k+1)\hat{X}_i(k+1/k)]$$

$$(2-18)$$

$$P_i(k+1/k+1) = \left[1 - K_i(k+1)H_i(k+1)\right]P_i(k+1/k)$$

$$(2-19)$$

式中，$K(k+1)$ 为 $k+1$ 时刻的增益阵，$P_i(k+1/k)$ 是 $k+1$ 时刻状态向量的协方差阵的滤波值，$\widehat{X}_i(k+1/k)$ 是 $k+1$ 时刻的状态滤波值。

主滤波器算法见式（2-20）、式（2-21）。

$$X_m = P_m\left(P_1^{-1}X_1 + P_2^{-1}X_2 + \cdots + P_n^{-1}X_n\right) \qquad (2-20)$$

$$P_m = \left(P_1^{-1} + P_2^{-1} + \cdots + P_n^{-1}\right)^{-1} \qquad (2-21)$$

式中，X_m，P_m 是全局最终的滤波值。

β_i 是信息分配系数，β_i 的选取是决定滤波器优良性能的又一重大步骤，一般的流程是取 $0 < \beta_i < 1$ 的实数，具体应用的方法有平均分配法 [即 $\beta_i = 1/n$ (1, 2, 3, $\cdots$, n)] 和对角矩阵法，见式（2-22）、式（2-23）。

$$\beta_i(k) = \mathrm{diag}(a_1, a_2, a_3, \cdots, a_n) \qquad (2-22)$$

$$a_j = \frac{P_i(k/k)_{jj}}{P_1(k/k)_{jj} + P_2(k/k)_{jj} + \cdots + P_n(k/k)_{jj}} \qquad (2-23)$$

可以证明：$\sum\limits_{i=1}^{n} \beta_i = 1$，条件满足信息守恒原则。

将经过滤波器去噪后的数据使用加权平均算法进行二次数据融合。加权平均法涉及的公式见式（2-24）。

$$y = \sum_{i=1}^{n}(z_i \times w_i) / \sum_{i=1}^{n} w_i (i = 1,2,\cdots,n) \qquad (2-24)$$

式中，z_i 为需要加权融合的数据值；w_i 为对应的权值，y 为加权平均值，作为土壤湿度传感器节点传输数据的最终值。

按照同样的数据融合处理流程，可以得到融合后的土壤湿度值、空气温度值、空气湿度值、光照强度值、二氧化碳浓度值。

2.7.7 设施蔬菜需水预测模型研究

针对目前温室蔬菜种植过程中灌水量控制不准的问题，在对多传感器采集监测数据进行卡尔曼滤波融合处理的基础上，将近年来比较成熟的 BP 神经网络方法应用到蔬菜需水量的预测中，并针对 BP 神经网络算法存在的缺点进行改进，进一步构建更加适用于设施环境下的蔬菜需水量预测模型，为设施农业灌水的精准调控提供方法参考和决策支持。

当神经元输入层与输出层之间是毫无规律的关系时，并且在进行训练的样本量十分充足的情况下，BP 神经网络算法能够完全胜任解决广泛领域的无序关系问题。但是最初传统原始的 BP 算法也存在不少缺点，主要缺点表现在以下几个方面。

（1）传统 BP 网络虽然可以根据需要自定义生成效果可观的可微曲面，但在受到外界随机扰动的情况下易陷入局部极小点，无法实现全局收敛，最后致使样本数据的训练学习过程失效，难以跳出具有局部最小的复杂欺骗性局面。

（2）传统原始的 BP 神经网络算法收敛速度较慢，尤其是在老旧的设备上运行时需要更长的时间才能在目标点附近完成收敛，学习速率参数的选取是造成这种情况的一个重要原因。学习速率设定值设置的太小，则收敛速度难以保证，学习速率设定值设置的太大，则有可能出现过拟合现象，使得收敛曲线振荡不稳甚至发散。

（3）网络结构最优化难以确定。BP 神经网络的输入层神经元属性和输出层神经元属性由针对具体解决的领域实际问题而定，隐含层节点个数的确定通常根据经验公式推导出，对网络初始化需要的初始权值、阈值等的选取也没有可靠有效的方法。

针对以上传统 BP 算法中存在的问题，本研究在此基础上探讨了以下几种常见的 BP 神经网络改进方法。

（1）训练样本归一化处理。本研究中的土壤温湿度、空气温湿度、光照强度和二氧化碳浓度作为 BP 神经网络的训练样本，6 类参数的物理单位各不相同，对应的数值也从几十到几万不等，为避免出现小数值训练样本被大数值训练样本所淹没的情况，有必要在样本训练之前将各输入量归一化处理。将本研究中需要处理的 6 类样本数据通过线性变换转化到区间 $[m, n]$（$m < n$）。区间端点 m、n 数值的选取既要保证区间长度适当，又要防止偏小或偏大。如果 $[m, n]$ 中 6 种亟须训练的样本数据过于集中，可将区间适当拉长，反之，如果 $[m, n]$ 中 6 种亟须训练的样本数据过于稀疏，应将区间长度适当缩短，使数据在区间内分布更均匀合理，满足样本训练的需要。

（2）训练集重组。BP 神经网络算法具有"训练样本次序敏感性"，一般采用以下两种方法克服 BP 神经网络算法的该缺点。一是将输入待处理的多组训练样本随机排列次序并能动态调整次序，二是在每次样本训练完毕后自检查各组训练样本的均方差，将其中均方差最大的这些样本再进行二次训练。

（3）自适应调节学习率。自适应调节学习率的目的是缩短训练时间，实现快速有效的训练收敛。基本思路是根据样本整体误差增量的大小来调节学习率的大小，当误差减小时，增大学习率；反之当误差增大时，减小学习率。基于此进行改进，改进公式见式（2-25）。

$$\eta(i + 1) = \left(1 - \alpha_1 \cdot \Delta E + \alpha_2 \cdot \frac{E_i}{E_{i+1}}\right)\eta(i) \qquad (2-25)$$

式中，$\eta(i + 1)$、$\eta(i)$ 分别表示学习率迭代到第 i、第 $i + 1$ 次时的值；$\Delta E = E_{i+1} - E_i$；$0 < \alpha_1 < \alpha_2 < 1$ 为常量。

式（2-25）不仅考虑了样本误差增量，还考虑了相对误差 E_i / E_{i+1}，参照它可适当减小学习率的调整幅度，进而得到更合理的学习率进行训练，避免出现振荡与发散。既保证了算法的稳定性，又使算法的收敛速度加快。

（4）隐含层神经元节点网络结构优化。BP 网络隐含层神经元的数目会直接影响神经网络结构的容量、算法对新输入训练样本的适应能力、网络的收敛性能和输出性能。虽然神经元的冗余可表明 BP 网络具有良好的容错能力，但冗余量过大，数据处理性能势必会受到一定的影响，造成预测精度的下降。所以，采用适当大的隐含层节点数对预测精度的提升有一定的必要性。采取依据隐含层节点之间的相关性大小合并节点，分散度大小删除节点的策略，确定一个最佳的网络结构。

设 $y_{\alpha j}$ 是隐含层节点 α 在学习第 i 个训练样本时的输出值，$< \bar{y}_\alpha$ 为隐含层节点 i 在学习 N 个训练样本的平均输出值，N 为训练样本总个数，见式（2 – 26）。

$$\bar{y}_\alpha = \frac{1}{N} \sum_{i=1}^{N} y_{\alpha i} \tag{2-26}$$

隐含层节点的相关系数 $r_{\alpha\beta}$ 可由式（2 – 27）表示。

$$r_{\alpha\beta} = \frac{\dfrac{1}{N} \sum_{i=1}^{N} y_{\alpha i} y_{\beta i} - \bar{y}_\alpha \bar{y}_\beta}{\sqrt{\left(\dfrac{1}{N} \sum_{i=1}^{N} y_{\alpha i}{}^2 - \bar{y}_\alpha{}^2 \right)} \sqrt{\left(\dfrac{1}{N} \sum_{i=1}^{N} y_{\beta i}{}^2 - \bar{y}_\beta{}^2 \right)}} \tag{2-27}$$

$\gamma_{\alpha\beta}$ 说明隐含层节点 α 和 β 之间的相似程度。$\gamma_{\alpha\beta}$ 过大，说明节点 α 和 β 非常相似，需要合并。样本对隐含层节点的输出的分散度（S_α）见式（2 – 28）。

$$S_\alpha = \frac{1}{N} \sum_{i=1}^{N} y_{\alpha i}{}^2 - \bar{y}_\alpha^2 \tag{2-28}$$

S_α 过小，说明隐含层节点 α 的输出值变化甚微，它对提升网络性能的效果非常不明显，因此可删除此处节点。

通过上述几类 BP 改进方法的研究，在此基础上构建基于 Levenberg – Marquardt（简称 L – M）优化改进的 BP 神经网络需水量预测模型。

BP 神经网络经 L – M 算法改进后能够进一步减小振荡，加快网络的收敛速度，并对各层之间的连接权值和阈值进行优化修正。该算法由经典 Newton 算法演变发展而来，L – M 改进算法的目标函数见式（2 – 29）。

$$f(x) = \frac{1}{2} \sum_{i=1}^{n_i} e_i^2(x) = \frac{1}{2} e^T(x) e(x) \tag{2-29}$$

式中，x 为优化变量；e 为误差向量。

$f(x)$ 的梯度见式（2 – 30）。

$$\nabla f(x) = \sum_{i=1}^{n_i} e_i(x) \frac{\partial e_i(x)}{\partial x} = J^T(x) e(x) \tag{2-30}$$

式中，x 为优化变量；e 为误差向量。

式中，
$$J^T(x) = \begin{bmatrix} \dfrac{\partial e_1(x)}{\partial x_1} & \dfrac{\partial e_1(x)}{\partial x_2} & \cdots & \dfrac{\partial e_1(x)}{\partial x_i} \\[2ex] \dfrac{\partial e_2(x)}{\partial x_1} & \dfrac{\partial e_2(x)}{\partial x_2} & \cdots & \dfrac{\partial e_2(x)}{\partial x_i} \\[2ex] \vdots & \vdots & \cdots & \vdots \\[2ex] \dfrac{\partial e_i(x)}{\partial x_1} & \dfrac{\partial e_i(x)}{\partial x_2} & \cdots & \dfrac{\partial e_i(x)}{\partial x_i} \end{bmatrix} \tag{2-31}$$

L－M算法的权值调整公式见式（2－32）。

$$\Delta w = (J^T J + \lambda L)^{-1} J^T e \qquad (2-32)$$

式中，e 为误差向量；J 为误差对权值微分的雅可比矩阵；λ 是一个标量。当 λ 增加时，它接近于具有较小的学习速率的最速下降法；当 λ 下降到 0 时，该算法就变成了高斯－牛顿法之间的平滑调和。L－M算法的流程如图 2－93 所示。

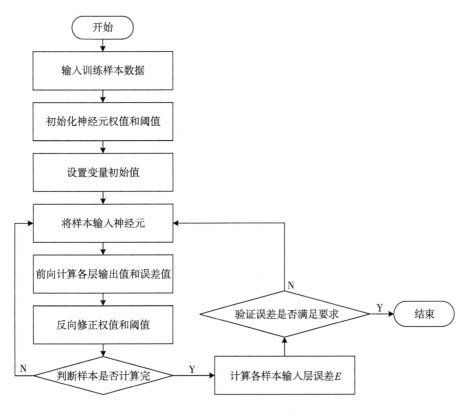

图 2－93　L－M 改进的 BP 算法流程

2017 年试验区 3 号棚内种植有生菜，故而以生菜为例，利用已有的历史数据，构建相应的 BP 神经网络结构。生菜从 3 月下旬定植，从定植到收获约 45d，全生育周期可分为营养生长期、结球期和成熟期。本研究通过查阅文献资料，将每个生育期大致按照 15d 为一个阶段进行划分，即 2017 年 3 月 20 日至 4 月 4 日划为营养生长期；4 月 5 日至 4 月 20 日划为结球期；4 月 21 日至 5 月 6 日划为成熟期。选取每天每隔 4h 的整点数据为训练样本，即每个生育期选取 90 组数据进行 BP 神经网络训练。

训练过程中将影响设施蔬菜需水量的土壤温度、土壤湿度、空气温度、空气湿度、光照强度、二氧化碳浓度等环境参数作为 BP 网络输入层的神经元，故输入层神经元数目确定为 6 个，将蔬菜需水量作为 BP 网络输入层的神经元，即输出层神经元数目确定为 1 个。接下来将具体对生菜的每个生育期进行 BP 神经网络结构设计。

首先是生菜的营养生长期，部分训练样本数据如表 2 – 11 所示。

表 2 – 11　生菜营养生长期训练样本（部分数据）

采集日期	土壤温度（℃）	土壤湿度（%）	空气温度（℃）	空气湿度（%）	光照强度（lx）	二氧化碳浓度（mg/m³）	需水量（mm）
03/20/0：00	16.55	49.01	27.93	72.98	56 383.11	648	3.96
03/20/4：00	19.57	15.73	28.29	20.64	122 122.53	656	4.00
03/20/8：00	16.55	23.08	32.41	26.35	133 298.45	663	5.17
03/20/12：00	17.89	22.27	32.13	16.97	123 040.16	682	4.91
03/20/16：00	18.90	7.63	27.68	74.71	62 979.47	691	3.80
03/20/20：00	21.92	13.58	12.35	89.35	147.10	871	3.90
03/21/0：00	21.25	21.00	12.44	88.24	148.66	871	2.87
03/21/4：00	21.92	13.58	12.30	88.97	284.79	882	5.30
03/21/8：00	17.89	7.41	11.72	80.97	215.94	882	4.15
03/21/12：00	17.89	7.41	11.65	81.12	491.33	876	3.38
03/21/16：00	21.25	21.00	12.40	89.26	287.82	864	2.82
03/21/20：00	21.92	13.58	12.27	89.81	491.33	891	4.75
03/22/0：00	17.56	9.27	11.76	81.15	257.52	832	4.46
03/22/4：00	21.25	21.00	12.38	88.89	566.14	835	3.43
03/22/8：00	21.92	13.58	12.22	88.80	835.57	871	3.29

由于训练的各样本数据均有最大值和最小值，本研究采用线性函数将数据归一化至同一量纲，归一化公式见式（2 – 33）。

$$x' = \frac{x - x_{\min}}{x_{\max} - x_{\min}} \times 0.8 + 0.1 \qquad (2 – 33)$$

式中，$x_{\max}$ 表示采集数据中最大值；$x_{\min}$ 表示采集数据中最小值。

样本值归一化到（0.1，0.9），参考这个范围，可确定 BP 网络输入层至隐含层的传递函数可采用 tansig 函数。根据图 2 – 85 列举的隐含层单元数的各种确定公式，代入已知的输入层和输出层的单元数，初确定隐含层神经元数目的试算范围在 2～13 个，利用试凑法选择最适合的隐含层神经元数目，详细见表 2－12。

表 2－12　营养生长期对应的不同隐含层神经元数目的训练结果比较

隐含层神经元数目	迭代次数	均方差	隐含层神经元数目	迭代次数	均方差
2	16	0. 104 0	8	12	0. 155 0
3	10	0. 457 0	9	10	0. 077 7
4	13	0. 151 0	10	9	0. 002 5
5	18	0. 298 0	11	15	0. 240 0
6	11	0. 149 0	12	16	1. 030 0
7	14	0. 189 0	13	12	0. 221 0

根据表 2－12 训练结果可知，当隐含层神经元数目在 10 个时，迭代次数相对较少，均方差最低，因此本研究中 BP 神经网络中隐含层单元数的数目为 10 个，并确定生菜营养生长期的 BP 神经网络结构为 6－10－1 的结构。神经网络结构如图 2－94 所示。

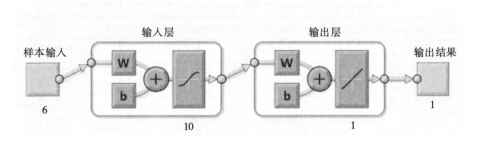

图 2－94　需水量预测 BP 神经网络结构

其次是进行生菜结球期的 BP 神经网络结构设计，部分训练样本数据如表 2－13 所示。

表 2－13　生菜结球期训练样本（部分数据）

采集日期	土壤温度（℃）	土壤湿度（%）	空气温度（℃）	空气湿度（%）	光照强度（lx）	二氧化碳浓度（mg/m³）	需水量（mm）
04/05/0：00	20. 91	23. 64	27. 13	56. 7	10 237. 77	720	3. 59
04/05/4：00	25. 27	13. 98	26. 80	57. 12	12 883. 91	774	3. 86
04/05/8：00	26. 28	10. 05	26. 93	44. 53	11 463. 58	769	4. 10

（续表）

采集日期	土壤温度 （℃）	土壤湿度 （%）	空气温度 （℃）	空气湿度 （%）	光照强度 （lx）	二氧化碳 浓度（mg/m³）	需水量 （mm）
04/05/12：00	26.28	7.37	27.05	45.48	13 985.47	762	3.87
04/05/16：00	27.95	1.47	26.89	39.23	12 533.92	776	3.83
04/05/20：00	20.91	23.64	26.82	56.5	11 768.53	724	2.93
04/06/0：00	25.27	13.98	26.52	56.93	14 605.10	797	2.62
04/06/4：00	25.94	10.05	26.49	41.83	13 393.51	783	3.00
04/06/8：00	26.28	7.37	26.68	43.45	15 913.21	770	4.29
04/06/12：00	27.62	1.47	26.46	41.17	14 273.42	762	5.00
04/06/16：00	20.91	23.68	26.59	56	13 508.04	751	5.77
04/06/20：00	25.27	13.98	26.33	57.52	16 601.69	772	4.54
04/07/0：00	25.94	10.01	26.16	46.22	15 323.44	770	3.67
04/07/4：00	25.94	7.37	26.39	47.15	18 254.03	760	3.84
04/07/8：00	27.28	1.43	26.18	38.6	16 360.82	749	3.53

同时将样本值归一化到（0.1，0.9），利用试凑法选择最适合的隐含层神经元数目，详细见表2-14。

表2-14 结球期对应的不同隐含层神经元数目的训练结果比较

隐含层神经元数目	迭代次数	均方差	隐含层神经元数目	迭代次数	均方差
2	12	0.147 0	8	8	0.463 0
3	11	0.385 0	9	12	0.264 0
4	11	0.215 0	10	9	0.143 0
5	11	0.194 0	11	8	1.290 0
6	13	0.024 8	12	6	0.002 2
7	9	0.053 0	13	8	0.070 7

根据表2-14训练结果可知，当隐含层神经元数目在12个时，迭代次数相对较少，均方差最低，因此本研究中BP神经网络中隐含层单元数的数目为12个，并确定生菜结球期的神经网络结构为6-12-1的结构。

最后是进行生菜成熟期的BP神经网络结构设计，部分训练样本数据如表2-15所示。

表2-15 生菜成熟期训练样本（部分数据）

采集日期	土壤温度 （℃）	土壤湿度 （%）	空气温度 （℃）	空气湿度 （%）	光照强度 （lx）	二氧化碳 浓度（mg/m³）	需水量 （mm）
04/21/0：00	21.25	23.68	23.80	69.62	3 558.08	758	3.95
04/21/4：00	25.27	13.98	23.64	70.21	4 553.35	814	2.94

采集日期	土壤温度（℃）	土壤湿度（%）	空气温度（℃）	空气湿度（%）	光照强度（lx）	二氧化碳浓度（mg/m³）	需水量（mm）
04/21/8：00	24.60	9.97	23.76	57.26	3 992.87	850	3.58
04/21/12：00	24.60	7.26	23.90	55.10	4 966.43	792	4.19
04/21/16：00	25.61	1.39	23.66	48.60	4 462.63	808	5.45
04/21/20：00	21.25	23.68	23.57	70.59	3 627.66	770	5.31
04/22/0：00	25.27	13.95	23.38	71.67	4 553.35	814	4.72
04/22/4：00	24.60	9.94	23.56	57.60	4 117.39	790	3.92
04/22/8：00	24.60	7.26	23.70	55.14	5 035.28	792	2.80
04/22/12：00	25.27	1.39	23.50	49.38	4 462.63	814	2.45
04/22/16：00	21.25	23.68	23.40	71.68	3 975.56	770	3.10
04/22/20：00	25.27	13.95	23.22	72.35	4 966.43	812	4.32
04/23/0：00	24.60	9.94	23.40	58.60	4 428.67	797	3.86
04/23/4：00	24.60	7.26	23.50	57.13	5 448.36	806	3.57
04/23/8：00	25.27	1.39	23.32	50.75	4 880.11	790	4.13

接下来将样本值归一化到（0.1，0.9），继续利用试凑法选择最适合的隐含层神经元数目，详细见表 2 - 16。

表 2 - 16　成熟期对应的不同隐含层神经元数目的训练结果比较

隐含层神经元数目	迭代次数	均方差	隐含层神经元数目	迭代次数	均方差
2	10	0.523 0	8	9	0.440 0
3	19	0.077 2	9	9	0.001 9
4	13	0.829 0	10	10	0.990 0
5	15	0.396 0	11	10	0.663 0
6	10	0.050 8	12	13	0.052 5
7	11	0.998 0	13	10	0.768 0

根据表 2 - 16 训练结果可知，当隐含层神经元数目为 9 个时，迭代次数相对较少，均方差最低，因此本研究中 BP 神经网络中隐含层单元数的数目为 9 个，并确定生菜成熟期的 BP 神经网络结构为 6 - 9 - 1 的结构。

综上，本研究针对生菜不同的生育期，利用对应的训练样本进行训练，确定了生菜营养生长期的 BP 神经网络结构为 6 - 10 - 1 的结构，结球期的 BP 神经网络结构为 6 - 12 - 1 的结构，成熟期的 BP 神经网络结构为 6 - 9 - 1 的结构。

确定完 BP 神经网络结构后，代入新的训练样本按比例分为 75%、15% 和 15% 作为训练集、测试集和确认集，对 3 种不同网络结构再次进行训练，当训练到达最佳训练效果时，停止训练。

当前基于 L－M 改进后的 BP 神经网络的训练状态如图 2－95 至图 2－97 所示。

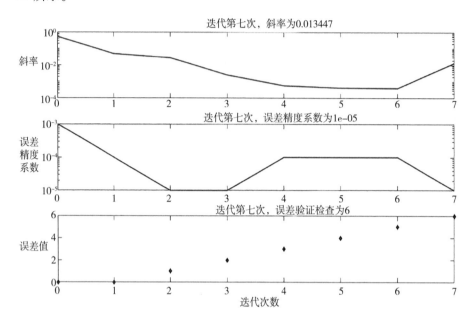

图 2－95　营养生长期网络训练状态

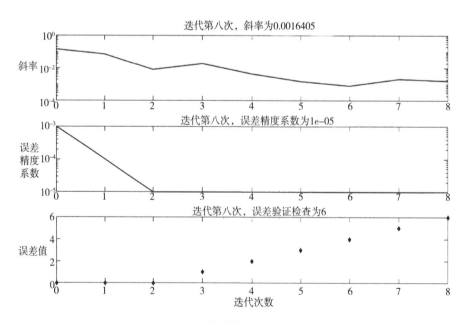

图 2－96　结球期网络训练状态

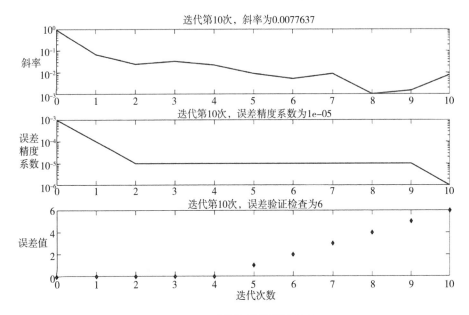

图 2 - 97   成熟期网络训练状态

最后对本研究中基于 L - M 改进的 BP 神经网络模型进行相关回归性分析,构建基于 L - M 改进的 BP 神经网络模型,整体网络结构训练性能很好,生菜营养生长期网络输出与目标输出的相关系数达到 0.968,结球期网络输出与目标输出的相关系数达到 0.979,成熟期网络输出与目标输出的相关系数达到 0.983,生菜全生育期内对应的需水量预测模型整体具有较高的精度。

2.7.8   设施蔬菜精准施肥模型研究

拟建立基于自适应调整学习率法优化 BP 算法需肥量预测模型,模型选用土壤中氮、磷、钾养分含量与目标产量 4 个因素作为输入,蔬菜需氮、磷、钾肥料量为输出,隐含层包含 15 个神经元,网络结构为 4 - 15 - 3 三层结构。

图 2 - 98 中 BP 网络神经元的输入记为 x,输出记为 v,采用 Sigmoid 函数作为传递函数,隐含层和输出层神经元引入的阈值分别为 x_0,y_0,输入向量 $X = [X_1, X_2, \cdots, X_n, \cdots, X_N]^T$,对于任意训练样本 $X_n = [x_1, x_2, x_3, x_4]^T$,经过网络计算得到的隐含层输出向量为 $Y_n = [y_1, y_2, y_3]^T$,实际输出向量为 $O_t = [o_1, o_2, o_3]^T$,网络的期望输出向量为 $d_t = [d_1, d_2, d_3]^T$,t 为学习过程的迭代次数。

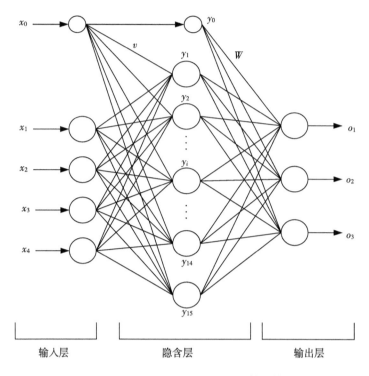

图 2 - 98　4 - 15 - 3 三层 BP 网络结构

设输入层到隐含层的学习率为 η，$W(t)$ 为第 t 次权值矩阵计算值。各权值调整按式（2 - 34）进行。

令　$\Delta w_{ij}(t) = -\eta \dfrac{\partial E}{\partial w_{ij}} \Delta w_{ij}(t) = -\eta \dfrac{\partial E}{\partial w_{ij}}$，$i = 1, 2, 3, 4$；$j = 1, 2, 3$

$$\Delta W(t) = -\eta \frac{\partial E}{\partial W} \qquad (2 - 34)$$

得到新的权值矩阵为：$W(t + 1) = W(t) + \Delta W(t)$ （2 - 35）

按正向传播计算的网络误差：$E_t = \displaystyle\sum_{k=1}^{3} (d_k - o_k)^2 E_t = \dfrac{1}{2} \sum_{k=1}^{3} (d_k - o_k)^2$

$$(2 - 36)$$

若 $E(t + 1) < E(t)$，即 $W(t + 1)$ 优于 $W(t)$，则令：$\eta \Leftarrow 2\eta \eta \Leftarrow 2\eta$

再沿 $W(t)$ 的负梯度方向，按学习率 η 求得一个新的权值 $W^{(1)}(t + 1)$；若按正向传播计算得新的 $W^{(1)}(t + 1)$ 又优于 $W(t + 1)$，将 $W^{(1)}(t + 1)$ 赋值给 $W(t + 1)$，按式（2 - 34）继续增大学习率，得到新的权值矩阵 $W^{(1)}(t + 1)$；直至误差不再减小为止，保留此时的误差值及其对应各层的权值矩阵。

若按正向传播计算 E $(t+1)$ $\geqslant E$ (t)，即 W $(t+1)$ 不优于 W (t)，则令：$\eta \Leftarrow 0.5\eta\eta \Leftarrow 0.5\eta$

然后重新按正向传播的过程计算得新的 W $(t+1)$，若新 W $(t+1)$ 比 W (t) 还差，则按式（2-34）继续减小学习率。由于在负梯度方向搜索，照这样计算下去，就一定能找到一个 W $(t+1)$，使得 W $(t+1)$ 不劣于 W (t)。

当完成一次迭代后，便得到一个新的权值矩阵 W $(t+1)$，判断是否满足迭代终止条件：①E (t) $\leqslant E_{min}$；②$t \geqslant t_{max}$；③ 梯度向量为 0。当网络满足终止迭代条件①、②、③中任何一个时，则停止训练；若不满足，再从 W $(t+1)$ 出发，重复上述计算步骤，直到满足迭代终止条件。

2.8　设施大棚环境因子变化规律及其影响因素研究

2.8.1　大棚结构及布点方式

2.8.1.1　大棚结构

试验地点位于济南市莱城区方下镇安信农业科技有限公司，地处北纬 N36°14′，东经 E117°32′，试验对象为 3 种不同结构的 20m 跨度、脊高 6.5m 的大跨度塑料拱棚，根据跨度和方位分为"13-7"东西走向的大跨度塑料大棚（WE13-7），"15-5"东西走向大跨度塑料大棚（WE15-5），"10-10"南北走向大跨度塑料大棚（NS10-10），具体结构参数如表 2-17 所示。覆盖材料为单层 0.1mm 聚烯烃（Polyolefin, PO）膜，大棚骨架为镀锌钢骨架，如图 2-99 所示。

表 2-17　大棚结构参数

塑料大棚	跨度（m）	脊高（m）	南屋面投影（m）	北屋面投影（m）	长度（m）
WE13-7	20	6.5	13	7	48
WE15-5	20	6.5	15	5	48
NS10-10	20	6.5	10	10	46

NS10-10

WE13-7

WE15-5

图 2-99　塑料大棚结构

2.8.1.2　布点方式

空气温湿度测点分为 5 个高度，分别是 0.5m、1.5m、2.5m、3.5m 和 4.5m。其中 0.5m 和 1.5m 高度点沿跨度方向布 6 个点，分别在跨度方向的 2.5m、5.5m、8.5m、11.5m、14.5m、17.5m 处；2.5m 和 3.5m 高度点沿跨度方向布 4 个点，分别在跨度方向 5.5m、8.5m、11.5m 和 14.5m 处；4.5m 高度点沿跨度方向布两个点，分别在 11.5m、14.5m 处；地温分两个深度布点，分别是地下 10cm 和地下 20cm，位于大棚跨度的 5m、10m、15m 处；在棚南侧离地面 1.5m 处放置了 4 个平行的测量棚膜温度的点。在距离大棚西北侧 15m 处设置一个风向风速测量点、室外温湿度测量点和室外太阳辐射测量点。测量棚内太阳辐射的点设置于 2.5m 高度处，每个棚内有 4 组测量仪器。室内外温湿度由 HOBO U23-001 温湿度自动记录仪（美国 Onset）测量，每 10min 记录一次。室外风速风向由路格 L99 - FSFX 型风速风向自动记录仪测量，每 10min 记录一次。太阳辐射、光照强度由 TR - 74UI（日本）仪器测量，每 10min 记录一次。地温、棚膜温度由路格 L93 - 4 探头温度记录仪测量，每 10min 记录一次，具体布点如图 2 - 100 所示。

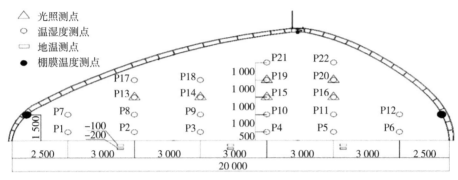

WE13-7 布点

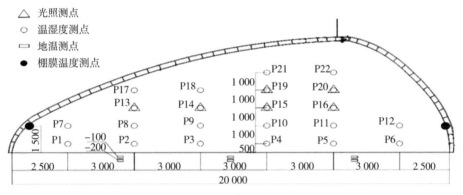

WE15-5 布点

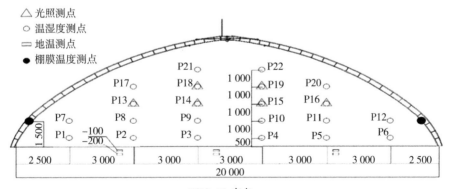

NS10-10 布点

图 2 - 100　塑料大棚传感器布置

2.8.2 不同方位、跨度比塑料大棚夏、冬季节环境因子变化规律

2.8.2.1 夏季典型晴天塑料大棚环境因子变化规律

为探究室外高温条件下3座大棚内部热环境差异,选取6月3—5日3d连续高温(室外最高温度均达到31℃以上,且是连续晴天)天气数据进行分析,如图2-101a所示,3座大棚最高温度均高于外界,呈单峰形,其中南北方位大棚在12:00—13:00达到最高温度,两座东西方位大棚在13:00—14:00达到温度最大值,此时太阳高度较大,接受的太阳辐射最多,由于WE15-5与WE13-7为东西方位,采光效果要优于NS10-10,所以在最高温度上表现为NS10-10最低,WE15-5、WE13-7、NS10-10最高温度分别为34.73℃、35.15℃、33.18℃,高于外界环境0.72℃、0.32℃、1.88℃;其中以WE15-5最高,3d的最高温度分别达到了36.73℃、36.91℃、34.39℃,高于外界环境2.72℃、2.08℃、3.08℃;WE13-7次之,最高温度分别为36.13℃、36.46℃、33.82℃,高于外界环境2.12℃、1.63℃、2.52℃。对于3座塑料大棚垂直方向上的温度差异,选取6月4日昼间(8:00—16:00)所测量数据进行比较,分为5个高度,即0.5m、1.5m、2.5m、3.5m、4.5m。由图2-101b可知,3座塑料大棚在垂直方向上变化趋势接近一致,5个不同高度的测点高度越高温度越高,而作物冠层温度明显低于其他高度处温度,体现了大跨度大棚的优势,由于其高度较高,跨度较大,使高温区集中于作物冠层区的上部,避免了作物冠层区高温胁迫,3座大棚的作物冠层温度以NS10-10最低,温度为30.70℃,WE13-7次之,温度为32.61℃,WE15-5最高,温度为33.05℃。对于3座塑料大棚跨度方向上的温度差异,数据同样选择6月4日昼间所测量数据进行比较,由图2-101c可知,WE15-5和WE13-7在跨度方向上呈现出南部温度最高,中部次之,北部最低,其中WE15-5南北温差达到2.16℃,WE13-7南北温差为1.24℃,NS10-10呈现出中部温度最高,东部次之,西部最低,跨度方向上最大温差为0.53℃,均匀性较好,且温度较WE15-5和WE13-7低。从图2-101d可知,3座塑料大棚在夏季高温天气下地温变化曲线可知,相同深度下以NS10-10地温最低,地下10cm平均温度为22.61℃,地下20cm平均温度为22.06℃,WE13-7次之,地下10cm平均温度为23.16℃,地下20cm平均温度为22.44℃,WE15-5最高,地下10cm平均温度为23.47℃,地下20cm平均温度为22.85℃,说明在夏季高温天气条件下通风降温效果较

好的 NS10 – 10 对土壤温度的降低也有较好的效果。同时还对典型晴天条件下 3 座塑料大棚的日均光照强度进行连续监测，3 座大棚的采光性能由图 2 – 101e 可知，NS10 – 10 由于是南北走向，达到最大光强的时间较其他两棚提前，但最大光强在 3 座大棚中是最小的一个，为87 897lx，WE13 – 7 与 WE15 – 5 几乎同时达到最大光强，以 WE13 – 7 所能达到的光照强度最大，为 98 455lx；WE15 – 5 次之，为 91 078lx；晴天条件下直射光采光性能以 WE13 – 7 最优，NS10 – 10 最差，从空间分布角度上来说，以 NS10 – 10 分布最为均匀。

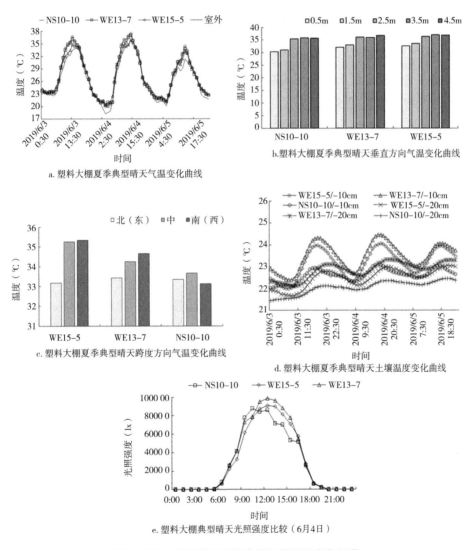

a.塑料大棚夏季典型晴天气温变化曲线

b.塑料大棚夏季典型晴天垂直方向气温变化曲线

c.塑料大棚夏季典型晴天跨度方向气温变化曲线

d.塑料大棚夏季典型晴天土壤温度变化曲线

e.塑料大棚典型晴天光照强度比较（6月4日）

图 2 – 101　典型晴天塑料大棚环境因子变化规律

2.8.2.2 夏季典型阴天塑料大棚环境因子变化规律

选取 5 月 15—17 日连续 3d 阴天作为典型阴天进行数据分析。由图 2-102a 可知，在阴天条件下，3 座大棚的温度变化趋势相似，与典型晴天条件下也近乎一致，呈单峰形，达到最高温度的时间点要比外界提前，由于阴天条件下无太阳直接辐射，3 座大棚均通过吸收散射辐射能量提高棚内温度，从图 2-102a 中可以看出 3 座大棚几乎同时达到最高温度，其中以 NS10-10 的最高温度最低，为 32.33℃，高于外界 1.65℃，WE13-7 次之，高于外界 3.16℃，为 33.84℃，WE15-5 最高，为 35.36℃，高于外界 4.68℃，不同的是在 19：00 到第二天 7：00 时棚内平均温度较外界温度低，分析原因主要是阴天条件下白天土壤蓄热量较少，当所蓄热量散发完后，在夜间会从空气中吸收热量，又由于夜间作物进行蒸腾作用，导致棚内空气温度低于外界环境温度。由图 2-102b 可知，3 座塑料大棚在垂直方向上变化趋势相似，作物冠层温度均低于 2.5m 及以上区域温度，在高温区域，以 3.5m 处温度最高，对于作物冠层温度以 WE15-5 最高，为 29.50℃，WE13-7 次之，为 28.85℃，NS10-10 最低，为 28.27℃。对于 3 座大棚跨度方向和垂直方向上的温度变化，数据选取 5 月 16 日昼间（8：00—18：00）所记录的数据进行分析，由图 2-102c 可知，其中 NS10-10 呈现中部最高，东部次之，西部最低的分布，而 WE13-7 和 WE15-5 呈现南部最高，中部次之，北部最低的分布，NS10-10 的跨度方向平均温差为 0.70℃，WE13-7 为 0.89℃，WE15-5 为 1.31℃，以 NS10-10 的温度均匀性较好。由图 2-102d 可知，3 座塑料大棚土壤温度在典型阴天天气条件下，3 座大棚地温变化趋势相似，在相同深度（地下 10cm）下，表现为 WE13-7 地温最高，阴天条件下最高地温达到 22.71℃，NS10-10 次之，最高温度为 22.28℃，WE15-5 最低，为 21.41℃，地下 20cm 深度处，变化规律与地下 10cm 深度相同，WE13-7 最高地温为 21.56℃，NS10-10 最高地温为 21.22℃，WE15-5 最高地温为 20.76℃。塑料大棚在典型阴天条件下以吸收散射光为主，由图 2-102e 可知，阴天条件下 3 座大棚几乎同时达到最大光强，以 NS10-10 最低，为 50 622lx，WE15-5 次之，为 53 707lx，WE13-7 最高，为 58 258lx，从空间角度上来说，3 座大棚的均匀性相似无明显差异。

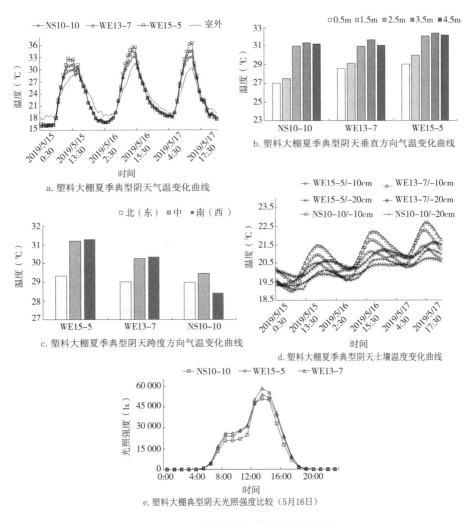

a. 塑料大棚夏季典型阴天气温变化曲线

b. 塑料大棚夏季典型阴垂直方向气温变化曲线

c. 塑料大棚夏季典型阴天跨度方向气温变化曲线

d. 塑料大棚夏季典型阴天土壤温度变化曲线

e. 塑料大棚典型阴天光照强度比较（5月16日）

图 2 - 102　塑料大棚环境因子变化规律

2.8.2.3　冬季典型晴天塑料大棚环境因子变化规律

　　为探究冬季低温下 3 座大棚内部热环境差异，选取 3 月 3—5 日 3d 连续晴天天气数据进行分析，如图 2 - 103a 所示，3 座大棚在施加外保温（保温被）措施后，棚内气温明显高于室外气温，晴天条件下，以 WE13 - 7 所能达到的最高温度最高，分别为 29. 72℃、32. 77℃、31. 99℃，高于外界环境 17. 62℃、17. 93℃、15. 10℃，WE15 - 5 次之，分别为 28. 92℃、32. 06℃、30. 95℃，高于外界 16. 82℃、17. 22℃、14. 96℃，NS10 - 10 最低，分别为 26. 45℃、29. 04℃、29. 20℃，高于外界 14. 35℃、14. 20℃、12. 31℃。对于 3 座塑料大棚垂直方向上的温度差异，选取 3 月 4 日所测量数据进行比较，分为 5 个高度，即 0.5m、1.5m、2.5m、3.5m、4.5m，由图 2 – 103b 可知，3 座大棚在垂直方向上变化趋势呈现作物冠层温度明显高于其他高度处温度，说明在室外气温较低的情况下，3 座塑料大棚采用外保温形式可以良好的保持棚内作物冠层区温度，避免作物受到低温胁迫，冠层区平均温度以 WE13 – 7 最高，为 20.56℃，WE15 – 5 次之，为 19.75℃，NS10 – 10 最低，为 19.25℃。对于 3 座塑料大棚跨度方向上的温度差异，同样选择 3 月 4 日所测量数据进行比较，由图 2 – 103c 可知，WE15 – 5 和 WE13 – 7 在跨度方向上呈现出南部温度最高，中部次之，北部最低，其中 WE13 – 7 南北温差达到 0.58℃，WE15 – 5 南北温差为 0.41℃，NS10 – 10 呈现出东部温度最高，西部次之，中部最低，分析原因其一是由于白天保温被升起后对中部有明显遮阴作用，中部吸收的太阳辐射较少，热能转化较弱，其二是由于中部距太阳入射点较远，光线能量弱，跨度方向上最大温差为 0.25℃，NS10 – 10 均匀性在三棚中最好，3 座塑料大棚以 WE13 – 7 南部平均温度最高，为 20.37℃。从图 2 – 103d3 座塑料大棚在夏季高温天气下地温变化曲线可知，以 NS10 – 10 地温最低，平均温度分别为 18.18℃、18.45℃、19.00℃，WE15 – 5 次之，平均温度分别为 18.55℃、19.05℃、19.49℃，WE13 – 7 最高，平均温度分别为 19.79℃、20.27℃、20.97℃，说明在冬季低温天气条件下保温效果较好的 WE13 – 7 对土壤温度的保持也有较好的效果；同时还对典型晴天条件下 3 座塑料大棚的日均光照强度进行连续监测，3 座大棚的采光性能由图 2 – 103e 可知，NS10 – 10 由于是南北走向，达到最大光强的时间较其他两棚提前，但最大光强在 3 座大棚中是最小的一个，为 87 897lx，WE13 – 7 与 WE15 – 5 几乎同时达到最大光强，以 WE13 – 7 所能达到的光照强度最大，为 98 455lx，WE15 – 5 次之，为 91 078lx，晴天条件下直射光采光性能以 WE13 – 7 最优，NS10 – 10 最差，从空间分布角度上来说，以 NS10 – 10 分布最为均匀。

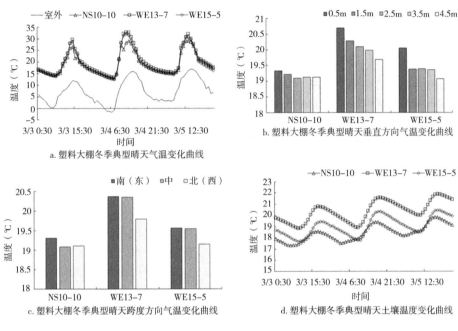

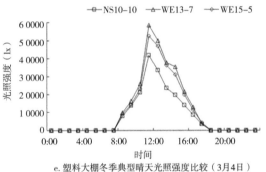

e. 塑料大棚冬季典型晴天光照强度比较（3月4日）

图2-103　冬季典型晴天塑料大棚环境因子变化规律

2.8.2.4　冬季典型阴天塑料大棚环境因子变化规律

选取3月3—5日连续3d阴天作为典型阴天进行数据分析。由图2-104a可知，在阴天条件下，3座大棚的温度变化趋势相似，呈单峰形，达到最高温度的时间点要比外界提前，3座大棚阴天条件下均通过吸收散射光能量提高棚内温度，从图2-104a中可以看出3座大棚几乎同时达到最高温度，其中以NS10-10的最高温度最低，平均最高温度为24.99℃，高于外界12.91℃，WE15-5次之，为29.75℃，高于外界17.67℃，WE13-7最高，为30.51℃，高于外界18.43℃。由图2-104b可知，在3座塑料大棚的垂直方向上，变化趋势相似，作物冠层温度均高于2.5m及以上区域温度，对于作物冠层平均温度以WE13-7最高，为17.72℃，WE15-5次之，为17.39℃，NS10-10最低，为15.96℃。对于3座大棚跨度方向和垂直方向上的温度变化，数据选取2月28日所记录的数据进行分析，由图2-104c可知，其中NS10-10呈现东部最高，西部次之，中部最低的分布，而WE13-7和WE15-5呈现中部最高，南部次之，北部最低的分布，NS10-10的跨度方向平均温差为0.20℃，WE13-7为0.40℃，WE15-5为0.44℃，以NS10-10的温度均匀性较好。由图2-104d可知，3座塑料大棚土壤温度在典型阴天天气条件下，3座大棚地温变化趋势相似，表现为WE13-7地温最高，阴天条件下最高地温达到20.34℃，WE15-5次之，最高温度为19.49℃，NS10-10最低，为17.47℃，塑料大棚在典型阴天条件下以吸收散射光为主，由图2-104e可知，阴天条件下3座大棚几乎同时达到最大光强，以NS10-10最低，为50 622lx，WE15-5次之，为53 707lx，WE13-7最高，为58 258lx，从空间角度上来说，3座大棚的均匀性相似无明显差异。

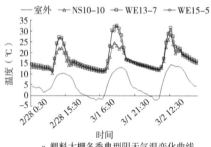

a. 塑料大棚冬季典型阴天气温变化曲线

b. 塑料大棚冬季典型阴天垂直方向气温变化曲线

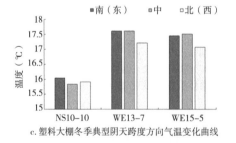

c. 塑料大棚冬季典型阴天跨度方向气温变化曲线

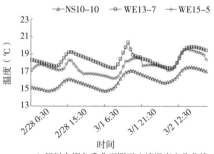

d. 塑料大棚冬季典型阴天土壤温度变化曲线

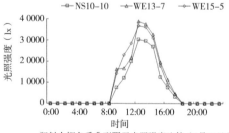

e. 塑料大棚冬季典型阴天光照强度比较（2月28日）

图2-104　冬季典型阴天塑料大棚环境因子变化规律

2.8.3 不同方位、跨度比塑料大棚 CFD 模型建立及温度场、气流场分析

2.8.3.1 建模与网格划分

本研究利用 CATIA V5R20 软件 1∶1 创建实体大棚模型，采用笛卡尔坐标系，其中 NS10 – 10 模型规定 Z 轴正方向为正南方向，X 轴正方向为正东方向，Y 轴正方向为高度方向，WE13 – 7 与 WE15 – 5 规定 Z 轴正方向为正东方向，X 轴正方向为正北方向，Y 轴正方向为高度方向，由于本试验的研究条件为自然通风下塑料大棚的内部小气候，根据风洞试验，设立一个外部流体域（120m × 100m × 40m），该流体域的迎风坡长度、背风坡长度以及高度满足试验拱棚脊高的 6 倍、15 倍、9 倍，本试验通过 ANSYS Workbench 平台进行 CFD 模拟，利用 Design Modeler 软件对流体域进行划分，随后输入到 ANSYS Meshing 中，在 ANSYS Meshing 中利用 Body sizing 对大棚整体进行网格划分，利用 Refinement 对通风口处进行网格加密处理，网格质量按照 Equi Angle Skew 标准进行控制，最终 NS10 – 10 与外流体域共形成 180 万个网格，WE13 – 7 与外流体域共形成 210 万个网格，WE15 – 5 与外流体域共形成 204 万个网格。随后又对模型网格数进行适度加密，但随着网格数的增加，温度的模拟值变化很小，所以得出结论网格过密对计算模拟结果的影响较小，且网格数目较多计算时间越长，效率越低。

2.8.3.2 相关材料属性

考虑太阳辐射的热效应，材料光学属性对所有波长的辐射假设都为常数，即漫灰辐射。相关材料的光学属性见表 2 – 18。

表 2 – 18 塑料大棚材料光学属性

属性	薄膜	土壤	空气
密度（kg/m³）	920	1 600	1.22
热导率[W/(m·k)]	0.33	0.3	0.024
比热容[J/(kg·K)]	2 300	900	1 006.43
吸收率	0.37	0.85	0.02
折射率	1.5	1.8	1
反射率	0.2	0.12	0
散射系数	0.3	1	0
发射率	0.95	0.95	0.95

2.8.3.3 边界条件

本试验以棚内空气为研究对象，模拟时边界条件包括外界环境的气象条件、大棚围护结构以及室内外土壤等。

WE13－7与WE15－5 CFD模拟试验选取2019年7月20日13时数据为对照，由于外界气温较高，两棚通风口始终最大化开启（两侧通风口开度均为80cm，顶通风口开度均为140cm），棚内无作物。在自然通风条件下，试验时风向为南风，风速0.8m/s，以长方体外部流体域的南面为速度入口，北面为速度出口。大棚围护结构与土壤均设置为壁面条件，传热方式以对流换热和辐射换热为主，大棚围护结构按半透明介质处理，土壤按耦合传热类型处理。

NS10－10 CFD模拟试验选取2019年7月21日13时数据为对照，由于外界气温较高，该棚两侧通风口开度为80cm，两顶通风口开度为70cm，棚内无作物。自然通风条件下，试验时风向为西北，故以外部流体域的西面为速度入口，东面为速度出口，试验边界条件设置同上。

2.8.4 不同方位、跨度比塑料大棚 ANSYS 应力分析

2.8.4.1 建模与网络规划

3座塑料大棚拱间距为1m，拱架由两根轻钢拱杆构成，两拱杆间用腹杆连接，上拱杆为直径32mm、壁厚2mm的热镀锌管，下拱杆为直径25mm、壁厚2mm的热镀锌管，腹杆为直径25mm、壁厚3mm的热镀锌管，拱架与骨架用M16的高强度螺栓固定。

其中WE13－7大棚与WE15－5大棚立柱为双排，NS10－10大棚立柱为单排，WE13－7大棚南侧立柱为60×60×3的热镀锌矩形管，高4.93m，柱间距6.5m，北侧立柱为100×100×3的热镀锌矩形管，高6.5m，柱间距6m；WE15－5大棚南侧立柱为60×60×3的热镀锌矩形管，高4.84m，柱间距6.5m，北侧立柱为100×100×3的热镀锌矩形管，高6.5m，柱间距6m；NS10－10大棚立柱为100×100×3的热镀锌矩形管，高6.5m，间距6m。如图2－105所示。

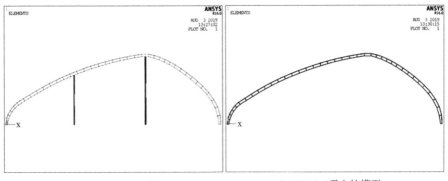

a. WE13-7有立柱模型　　　　　　b. WE13-7无立柱模型

图 2 - 105　WE13 - 7 不同工况下 ANSYS 模型

2.8.4.2　载荷类型

塑料大棚拱面上所受荷载类型主要包括恒荷载、可变荷载以及偶然荷载，考虑到塑料大棚的实际存在环境，本试验以大棚自重以及保温被重量（夏季保温被卷起置于大棚最高点处）作为恒载荷，加之风、雪荷载作为塑料大棚结构稳定性的评价依据。

（1）雪荷载。屋面水平投影面上的雪荷载标准值应按式（2-37）计算。

$$S_k = \mu_r s_0 \tag{2-37}$$

式中，S_k 为雪荷载标准值（kN/m^2），μ_r 为屋面积雪分布系数，s_0 为基本雪压（kN/m^2）。

（2）风荷载。垂直于建筑物表面上的风荷载标准值，应按式（2-38）计算。

$$\omega_k = \beta_z \mu_s \mu_z w_0 \tag{2-38}$$

式中，ω_k 为风荷载标准值（kN/m^2），β_z 为高度 z 处的风振系数（塑料大棚一般为非高层建筑，此处取值 1.0），μ_s 为风荷载体型系数，μ_z 为风压高度变化系数（地面粗糙系数为 B 类，离地高度小于 10m，此处取值 0.9），w_0 为基本风压（kN/m^2）。

2.8.4.3　载荷计算

本研究根据最差工况来模拟分析 3 座大棚的应力与位移情况，即 3 座塑料大棚承受的荷载为自重 + 保温被重量 + 风荷载 + 雪荷载。根据式（2-37）、式（2-38）以及全国基本风压分布图和全国基本雪压分布图，按照山东济南 50 年一遇极端大风状况下基本风压（取值 0.5kN/m²）以及 50 年一遇极端雪载状况下基本雪压（取值 0.2kN/m²）得出 S_k =

0.076 9kN/m²；基本风压取 0.4kN/m²，以 NS10 - 10 塑料大棚为例，迎风面拱面的 μ_s 根据《建筑结构荷载规范》计算得 0.367，由于中间横梁部分与背风面拱面所承受的风荷载为吸力，所以在计算过程中忽略，求得 ω_k 为 0.183 5kN/m²，输入风荷载时，采用风荷载设计值，如表 2 - 19 所示。

表 2 - 19 3座大棚不同工况下荷载参数

塑料大棚	风向	ω_k (kN/m²)	S_k (kN/m²)
WE13 - 7	左风	0.133 5	0.212 7
	右风	0.276 0	0.212 7
WE15 - 5	左风	0.111 2	0.242 4
	右风	0.250 0	0.242 4
NS10 - 10	左风	0.183 5	0.217 4
	右风	0.183 5	0.217 4

2.8.4.4 不同工况下3座塑料大棚结构的有限元模拟

本研究在 ANSYS 经典界面 Mechanical ADPL 16.0 下利用命令流进行操作，大棚钢骨架为装配式镀锌钢管，可以看作梁结构处理；大棚桁架材料定义为钢，泊松比为 0.3，密度 7.85 × 10⁶kg/m³，弹性模量 $E = 2.0 × 10^5$ MPa，单元类型为 Beam188，桁架两端与地面用混凝土浇固，将其视为固定约束，桁架上下腹杆以及桁架与拉杆之间简化为固定连接，试验过程中不考虑温度、湿度等对材料及结构的影响。

2.8.4.5 不同工况下3座塑料大棚结构稳定性的结果分析

（1）左风条件下，WE13 - 7 有柱模型最大水平位移为 17.73mm，最大垂直位移为 19.84mm；无柱模型最大水平位移为 67.60mm，最大垂直位移为 106.27mm。右风条件下，有柱模型最大水平位移为 5.56mm，最大垂直位移为 16.09mm；无柱模型最大水平位移为 37.39mm，最大垂直位移为 72.72mm。

左风条件下，WE15 - 5 有柱模型最大水平位移 20.61mm，最大垂直位移为 27.53mm；无柱模型最大水平位移 92.49mm，最大垂直位移 157.25mm。右风条件下，有柱模型最大水平位移为 22.64mm，最大垂直位移为 16.17mm；无柱模型最大水平位移 19.36mm，最大垂直位移 63.73mm。

左风条件下，NS10 - 10 有柱模型最大水平位移为 24.38mm，最大垂直位移为 26.65mm；无柱模型最大水平位移为 27.97mm，最大垂直位移为 30.56mm。右风条件下与左风相同，所不同的是最大、最小受力点与左风条件下对称分布。

根据《钢结构设计标准》（GB 50017—2017）附录 A 受弯结构的挠度容许值第四项第十条规定，在风荷载标准值作用下，X/f 不宜超过 1/150，其中 X 为水平位移，f 为棚顶至地面的最大高度；Y/L 不宜超过 1/300，其中 Y 为垂直最大挠度，L 为受弯结构跨度。通过计算，上述结果中 WE13-7 左风条件下无柱模型的最大水平位移、最大垂直位移均超过规范要求，右风条件下无柱模型的最大垂直位移超过规范要求；WE15-5 左风条件下无柱模型最大水平位移、最大垂直位移均超过规范要求；NS10-10 在所有模拟的不同工况下均符合设计规范。

（2）WE13-7 左风条件下有柱模型最大应力为 307MPa，无柱模型最大应力为 743MPa；右风条件下有柱模型最大应力为 232MPa，无柱模型为 467MPa。WE15-5 左风条件下有柱模型最大应力为 389MPa，无柱模型为 855MPa；右风条件下有柱模型最大应力为 661MPa，无柱模型为 686MPa。NS10-10 左风条件下有柱模型最大应力为 388MPa，无柱模型为 426MPa；右风条件下有柱模型最大应力为 366MPa，无柱模型为 400MPa。

根据《钢结构荷载标准》（GB 50017—2017）要求，厚度 16～40mm Q345A、Q345B 的抗压、抗拉强度设计值为 470MPa，从结果来看，WE13-7 在左风无柱条件下超过了最大抗压强度设计值，WE15-5 在左风无柱以及右风条件下均超过设计值，NS10-10 在所模拟的所有工况下均不超过最大强度设计值，而超过抗压、抗拉强度设计值的几种条件下说明塑料大棚已经遭到强度破坏。

2.9 拱棚结构数值建模与求解的研究

2.9.1 几何模型

设计拱棚时充分考虑了棚内空间利用率和采光性能。拱棚坐北朝南，东西走向。通过实地调查以及查阅相关文献，本研究建造了东西长 50m，南北跨度 20m，高 6.5m 的大拱棚，拱棚肩高为 1.2m。拱棚两侧和顶部设有通风口。拱棚内作物以番茄为例，可视为多孔介质，番茄种植区设为 17.0m×1m×1.5m 的平行六面体区域，株距 0.5m，左右靠近墙壁处各留有 1m 的空间，拱棚东西长度为 50m，所以共有 32 组。基于 CFD，将拱棚室外部分空间作为计算域，将室外环境包括在计算域内，充分考虑外部风场与棚内气流的对流作用，最大限度还原拱棚内与外界的气体交换过程，保证仿真建模的准确性。将拱棚置于计算域水平中心，以 13m+7m 结构拱棚为例，以正东方向为 *X* 轴正向，正北为 *Y* 轴正向，重力方向为 *Z* 轴负向，以拱棚西北角地面处作为坐标原点，相关拱棚参数如图 2 - 106 所示。

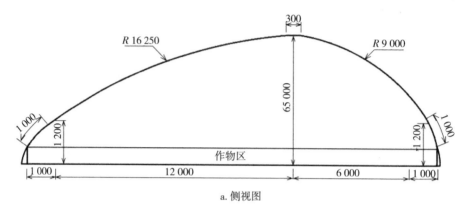

a. 侧视图

b. 主视图

图 2 - 106　拱棚参数模型

2.9.2　边界条件设置与求解方法

低温环境下的试验场所为典型温带季风气候，天气晴朗、寒冷干燥、风速较小。对拱棚内流场和温度场进行数值建模。空气、土壤及棚膜物理特性参数的设置如表 2 - 20 所示，其中棚膜材质为 PE 膜。

表 2 - 20　空气、土壤及棚膜物理特性参数

	密度（kg/m³）	比热[J/（kg·K）]	导热系数（W·m/K）	吸热系数
空气	1.18	1.003	1.003	—
土壤	1 200	2 500	1.5	—
棚膜	923	2 200	0.34	0.28

根据实测数据，将外部流体域东侧边界设置为速度入口，西侧边界设置为压力出口，大棚内外地面设置为壁面，其他边界设置为对称，棚膜设置为

壁面。速度入口气温和拱棚内外地温根据实测数据进行设置。棚膜材料设置为 PE 材料，厚度为 0.10mm，透光类型设置为半透明材料。为充分考虑辐射和空气对流作用对棚内热环境的影响，采用 DO 太阳模型模拟太阳辐射，地面设置为恒温，棚膜两侧的换热通过耦合方式进行求解，棚内作物视为多孔介质。湍流模型采用标准 $k-\varepsilon$ 模型，离散格式采用二阶迎风格式，采用 SIMPLE（Semi - implicit method for pressure - linked equations）算法进行稳态求解。图 2 - 107 中 1 为速度入口，2 为对称条件，3 为压力出口，4、5 为壁面。

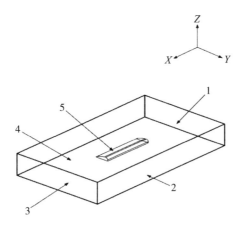

图 2 - 107　边界条件设置

2.9.3　不同拱棚结构分析

　　蔬菜有其适宜生长的温度。以常见的番茄为例，正常条件下番茄苗期白天温度应保持在 25 ~28℃，夜间温度应保持在 13 ~15℃。为使番茄在低温环境下能够顺利生长，需要保证在温度最低的月份拱棚也能满足番茄的生长条件。仿真试验的拱棚模型为实际建造的两拱棚，即对 13m +7m 拱棚和 15m +5m 拱棚在低温环境下进行了试验与数值模拟，试验数据选择 1 月 6 日 14：00 的数据，外界风速为 0.3m/s，每个高度处的温度数值均取平均值，数值模拟中的各项参数参照 1 月 6 日实测数值，数据选取位置和传感器的布置位置相一致，结果如表 2 - 21 所示。分析表 2 - 21 中数据可以看出，实测数值与仿真数值差距不大，误差均在可接受范围内，验证了数值模拟的可靠性，同时也可以看出 13 +7 拱棚内的温度要高于 15 +5 拱棚，因此 13 +7 拱棚具有更好的保温蓄能能力。

表 2－21　实测数据与仿真数据对照

拱棚结构	高度（m）	实测（℃）	仿真（℃）	误差（%）
13＋7	1.5	31.21	29.86	4.32
	3.0	32.03	30.65	4.30
	4.5	33.03	31.73	3.93
15＋5	1.5	28.2	26.84	4.82
	3.0	28.7	27.54	4.04
	4.5	30.0	28.97	3.43

　　为研究对称和非对称结构拱棚差异，非对称拱棚以实际建造的 13＋7 拱棚为例，对称结构拱棚即 10m＋10m 拱棚，现通过数值模拟的方法来与之进行对比分析，仿真试验各项参数的设定仍以 1 月 6 日 14：00 的数据为依据。表 2－22 为两座拱棚各个高度处平均温度的数值模拟结果。整体来看，两座拱棚内温度皆从上到下逐渐降低，在近地面处温度最低，这是因为热空气聚积于棚顶，使顶部的温度较高，在顶通风口附近由于空气对流换热气温有所下降，而土壤的比热容较高，对空气中热量和太阳辐射吸收作用明显，所以近地面处温度较低。与 10＋10 拱棚相比，13＋7 拱棚在 3 种高度处的平均气温分别提高了 2.68%、4.71% 和 5.03%，因此非对称结构的 13＋7 拱棚相比于对称结构拱棚，具有更好的保温性能。

表 2－22　两座拱棚不同高度平均温度数值模拟（℃）

拱棚结构	1.5m	3m	4.5m
13＋7	29.86	30.65	31.73
10＋10	29.08	29.27	30.21

　　将非对称结构和对称结构两拱棚的数值模拟数据按沿拱棚东西走向方向上分为东、中、西 3 组，分析拱棚内东西方向上的温度分布规律，结果如表 2－23 所示。可以看出，2 座拱棚均是东侧温度较高，中间次之，西侧最低。不同高度上的温度数值差距不大，非对称拱棚整体温度要高于对称拱棚。

表 2 – 23　拱棚东西跨度温度分布（℃）

拱棚结构	高度（m）	东	中	西
	1.5	29.57	30.62	29.73
13 + 7	3.0	30.7	30.85	30.39
	4.5	32.03	32.2	30.97
	1.5	29.31	30.97	29.35
10 + 10	3.0	28.97	30.2	28.83
	4.5	28.97	29.65	29.47

可以看出，2 座拱棚均是高温集中在东侧，西侧温度较低。这是因为上午太阳直射拱棚东侧，太阳入射角小，拱棚吸收太阳辐射较多，土壤和空气蓄热充分，西侧由于拱棚骨架的遮阴以及入射角较大，吸收的太阳辐射相对较少，所以东侧的温度高一些。整体来说，13 + 7 拱棚沿东西方向上的温度分布更均匀而且整体温度更高，10 + 10 拱棚的温度和受热均匀性相对较差，说明非对称拱棚的受热保温性能要优于对称拱棚。15 + 5 拱棚和 13 + 7 拱棚在温度分布上类似，此处不再赘述。

通过以上分析得出 13 + 7 拱棚在蓄热能力和受热均匀性上均优于 10 + 10 拱棚，为了确定最优拱棚结构，以 1 月 6 日 14：00 实测数据为依据，数值模拟典型低温晴天条件下，向阳面从 10.5m 至 15m 共 10 种结构拱棚的流场和温度分布，边界条件与低温环境下 13 + 7 的拱棚数值模拟一致。不同结构拱棚在 3 个高度上温度的分布趋势基本一致，蓄热能力最强的为 11 + 9 拱棚，以及 11 + 9 拱棚两侧的 10.5 + 9.5 拱棚和 11.5 + 8.5 拱棚以及次峰值点的 13 + 7 拱棚也具有较强的蓄热能力。拱棚吸收的热量主要取决于受太阳辐射面积和太阳入射角两个因素。受太阳辐射面积越大棚内气温越高。太阳的入射角和拱棚结构相关，大棚的高度一定，入射角越小，进入温室的太阳辐射越多。薄膜透过率与太阳入射角的关系见式（2 – 39）。

$$\tau_t = 90 - 5^{(i_t-20)/25.06} \qquad (2-39)$$

式中，i_t 为太阳入射角，τ_t 为薄膜透过率。

不同结构拱棚太阳入射角和受太阳辐射面积的差异导致了棚内温度的差异，一天之内的最高温度在 14：00 左右，此时棚内温度相应达到峰值，可以认为此时刻的棚内温度能代表拱棚蓄热能力，因此可以认为 11 + 9 结构拱棚是最优选择。

2.9.4　环境因素对拱棚模型影响分析

为保证棚内空气流通，拱棚需要打开通风口与外界进行气体交换，低温环境下需考虑风速对拱棚的影响。以 13 + 7 拱棚为例，对拱棚内有无作物情况下流场和温度分布进行数值模拟，各项参数仍以 1 月 6 日 14：00 数据为依据，两侧通风口关闭，顶部通风口打开 30cm，考虑在低温环境不同风力条件下，风速分别为 1.6m/s、3.4m/s、5.5m/s 和 8.0m/s 时棚内的温度分布，一种是考虑棚内作物影响，将其视为多孔介质；另一种不考虑棚内作物影响，各个高度处温度取平均值，结果如表 2 - 24 所示。

表 2 - 24　不同风速下拱棚内温度分布

作物	风速（m/s）	温度（℃）		
		1.5m	3m	4.5m
无	1.6	20.21	20.77	21.67
	3.4	13.11	13.03	13.25
	5.5	10.44	10.53	10.60
	8.0	9.15	8.48	8.43
有	1.6	21.65	22.62	22.72
	3.4	13.57	14.02	14.16
	5.5	10.95	11.17	11.45
	8.0	9.19	9.36	9.84

通过分析发现，在相同风速条件下，棚内温度在有、无作物时差距不大，说明在两侧通风口关闭，仅有顶通风口打开时，棚内作物的风阻作用有限，作物的影响可以忽略。随着外界风速的增大，棚内温度越来越低，为了保证棚内温度，在实际生产中，通风口的开闭需要结合当天的实际天气条件做出调整。为不考虑作物影响时的速度矢量云图，所取位置为大棚东西走向中点处，即 $X = -25m$ 处。当风速为 1.6m/s 时，棚内空气对流相对较弱；当风速为 3.4m/s 时，拱棚中开始形成多个环流，棚内的空气对流增强，棚内外空气交换开始加剧；当风速继续增大，拱棚内的环流尺度变大，空气流动的范围增大，棚内外空气交换显著增强。因此，低温环境下当外界风速较大时，应缩短顶通风口开口时间或减小顶通风口开度，避免棚内温度过低。

低温环境下顶通风口一般在 12：00—14：00 打开，与外界进行气体交换。开口大小根据当天天气适当调整，顶通风口长度贯穿拱棚东西走向，开口宽度一般为 10 ~ 30cm。为研究顶通风口开度大小对棚内热环境的影响，对不同顶通风口开度的拱棚流场和温度场进行数值模拟。仍以 1 月 6

日 14：00 的 13 + 7 拱棚实测数据为例，外界风速设置为 0.3m/s，顶通风口开口设置为关闭、20cm、40cm、50cm、60cm、70cm、80cm、90cm 和 100cm 共 9 种状态。通过分析可知顶通风口开度越大，棚内的温度越低，垂直方向上温度差距也越小。这是因为较大的顶通风开度促进了棚内外的空气对流，棚内热量更容易扩散至棚外。以番茄为例，为了使试验拱棚保持适宜温度，在风速较小时，顶通风口开口应设置为 30cm 或 40cm。

2.9.5 基于 RSM 的拱棚模型分析

以上分别讨论了拱棚结构、风速以及顶通风口大小对拱棚内温度的影响，为了获得棚内温度与拱棚结构、风速及顶通风口大小 3 个影响因素的数学表达式，本研究以响应曲面法（RSM），选取 Box - Behnken 试验设计方法，综合考虑拱棚结构、风速和顶通风口大小 3 个因素对棚内温度的影响，建立三者与棚内温度之间的数学关系。

通过实测和数值分析得出 11：9 拱棚结构蓄热能力最优，因此将 11：9 置于水平划分的中间位置；以山东莱芜地区为例，通过查询有关气象资料，莱芜地区年平均风速为 2.1m/s，以东风为主，因此在设置风速水平数时将 2.1m/s 置于中间水平处，相邻风速之间差值为 0.5m/s；通风口大小分别为 20cm、30cm、40cm、50cm 和 60cm，如表 2 - 25 所示。

表 2 - 25　因素水平

水平	拱棚结构 A	风速 B（m/s）	通风口大小（cm）
- 1.732	10.5：9.5	1.1	20
- 1	11：9	1.6	30
0	11.5：8.5	2.1	40
1	12：8	2.6	50
1.732	12.5：7.5	3.1	60

运用 Design Expert 数据处理软件进行统计分析，得到温度与拱棚结构、风速和顶通风口开口大小的二次多项回归方程，见式（2 - 40）。

$$Y = 70.92 - 21.91A - 13.37B - 0.77C - 3.99AB - 4.64e - 003AC + 0.76BC + 11.18A^2 + 2.45B^2 + 4.82e - 003C^2 \qquad (2-40)$$

回归模型的方差分析结果如表 2 - 26 所示，模型的 P 值较小，说明模型是显著的；规定 P 值 < 0.000 1 是显著的，可以看出，风速、通风口以及风

速和通风口的二次项 P 值均 $<0.000\ 1$，说明是显著的；拱棚结构、拱棚结构和通风口的交互项 P 值较大，是不显著的。以上参数都说明本研究得出的模型是可靠的，模型与实际情况拟合较好。图 2 - 108 为模型预测值和试验实际值之间的对比关系，可以看出模型预测值和试验实测值很接近。

表 2 - 26 方差分析

误差来源	平方和	自由度	均方根	F 值	P 值
模型	483.19	9	53.69	219.18	<0.000 1
A	0.22	1	0.22	0.91	0.371 3
B	248.59	1	248.59	1 014.88	<0.000 1
C	171.59	1	171.59	700.52	<0.000 1
AB	4.99	1	4.99	20.38	0.002 7
AC	2.704e - 003	1	2.704e - 003	0.011	0.919 3
BC	9.35	1	9.35	38.15	0.000 5
A^2	3.23	1	3.23	13.20	0.008 4
B^2	25.27	1	25.27	103.17	<0.000 1
C^2	15.65	1	15.65	63.91	<0.000 1
残差	1.71	7	0.24		
失拟项	1.71	3	0.57		
误差	0.000	4	0.000		
总和	484.90	16			

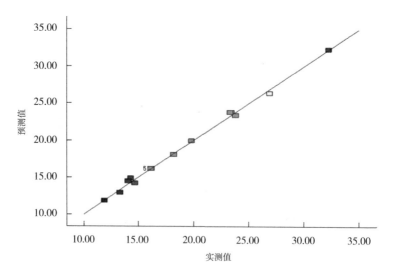

图 2 - 108 实测值和预测值之比

2.10 设施蔬菜环境精准调控算法研究

2.10.1 渐进调控式智能通风控制算法研究

2.10.1.1 控制系统组成及原理

系统结构框如图2-109所示，其中卷膜机采用北京劲卓24V电动卷膜机GMD60-S，自带限位开关；7寸触摸屏采用昆仑通态TPC7062KX，板载继电器采用JQC-3F（T73），微处理器采用STM32F103VET6，温度传感器采用DS18B20，数据存储采用TF卡。触摸屏除完成对棚内温度的实时显示外，用户可通过触摸屏选择通风口的自动或者手动控制，以及开闭温度、数据存储间隔、分段控制次数等参数的设置。

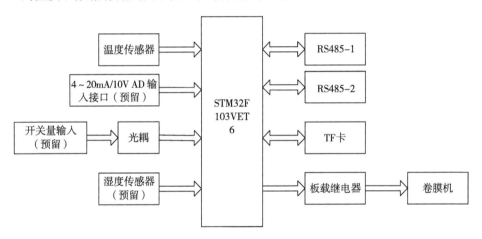

图2-109 系统结构框

根据南北向通风口宽度并结合不同季节，将通风口开闭控制分成3~5次完成，当温室内达到对应的温度时，卷膜机动作一次但不将通风口全部打开，等经过5min室内温度再次稳定后，根据最新温度值决定卷膜机是否再次打开，从而避免室内温度的忽高忽低。

温室内的温度检测采用10个均匀布置的DS18B20完成，传感器固定在南北向的吊蔓铁丝的中间位置。靠近温室入口的1个DS18B20预留备用，剩余9个分成3组，每组3个，每组测得温度取3个传感器的平均值。当通风口打开时，采用3个平均值中的最大值作为实际温度；当通风口关闭时，取3个平均温度中的最小值作为实际温度。系统流程如图2-110所示。

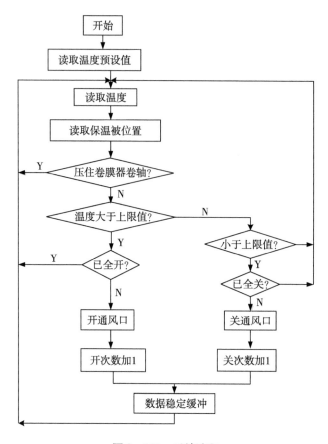

图 2 – 110　系统流程

2.10.1.2　系统运行及试验方法

　　为比较通风口卷膜通风与钢丝绳拉动通风方式在砖墙温室上的适用性，本研究先行进行了两种通风方式的现场调研工作，并在砖墙温室上进行了验证性试验，结果表明卷膜通风更适合砖墙温室，因此智能通风试验以通风口卷膜通风方式进行。

　　选用山东农业大学园艺实验站结构完全相同的两栋日光温室 6 号棚、8 号棚进行试验，其中 8 号棚安装智能通风控制系统实现通风的自动控制，6 号棚采用人工卷膜通风的方式。两栋温室东西长 50m，南北宽 10m，通风口南北宽 1m。8 号棚控制系统安装完毕后现场图如图 2 – 111 所示。

　　在 8 号试验棚内，根据通风口的宽度，并结合季节考虑（11 月），将通风口设置为 5 段开闭式，将上通风口开启温度设为 28℃，关闭温度设为 23℃；将下通风口开启温度设为 32℃，关闭温度设为 28℃。温度采集更新

图 2 – 111　现场安装

间隔为 1min，TF 卡保存间隔设置为 5min，卷膜机动作一次后，间隔 3min 后再根据采集最新温度决定是否再次动作。手动模式下根据通风口大小调节卷膜机正转、反转限位开关位置，设置完成后定期读取 TF 卡中存储的温度数据及卷膜机开闭情况，分析棚内温度变化情况。在对照棚 6 号棚中安装温度记录仪，传感器个数与布置方式与 8 号棚相同，定期读取存储在 SD 卡中的温度数据，并与 8 号棚内数据进行比对分析。图 2 – 112 为触摸屏参数设置的其中一个界面及 6 号棚内温度记录仪的安装图片。

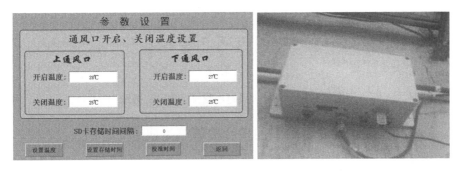

图 2 – 112　界面设置及记录仪安装

2.10.1.3　试验结果与分析

根据试验温室与对照温室在 2016 年 11 月 30 日至 2016 年 12 月 6 日一周时间内 8：00—18：00，温室温度变化可知，在通风口开、闭对应温度分别为 28℃和 23℃的前提下，渐进式通风控制可以使棚内温度变化更平稳，并且较好地控制、提升了棚内平均温度。从通风口首次开启到完全关闭期间，试验棚内温度基本被控制在 23～28℃范围内，达到了预期调控目标。

此外，从图 2－113 中可以看出，室外风速与天气状况对室内温度及调节的影响，12 月 1 日为有风但风速平稳的情况，可以看出卷膜机动作次数明显增加，表明通风口大小的改变对温度变化影响变得更快；从图 2－114 可以看出，在 12 月 3 日 10:00 左右起大风并伴随降温的情况下，通风口全部关闭，棚内温度回升缓慢。

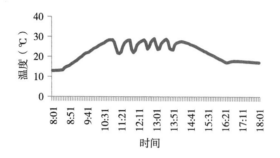

图 2－113　室外平稳风速对卷膜机温度调节的影响

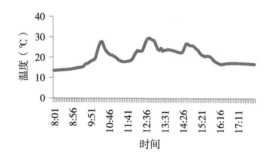

图 2－114　室外大风对卷膜机温度调节影响

2.10.2　设施水肥混合的流固耦合数值模型研究

2.10.2.1　设备结构及工作原理

混肥装置如图 2－115a 所示，混肥装置由水泵、六直叶圆盘搅拌桨、搅拌电机、支架、水桶、回流管道和出肥管道组成，可实现回流、搅拌和搅拌叠加回流 3 种工作模式。原液桶底部呈 180°开两组孔，分别为出水口和回流口，由夹板接头和弯头组成，方向与桶壁切向一致，以增强对水流运动的导向作用，如图 2－115b 所示。原液桶容量为 150L，直径为 530mm，高度为 720mm；底部开孔直径为 40mm，开孔中心距桶底 50mm。搅拌桨轴直径 17mm，圆盘部分直径 160mm、厚度 3mm，桨叶长、宽、厚尺寸分别为

70mm、40mm、3mm，叶片与圆盘重合部分尺寸为25mm；搅拌电机转速可调范围为 0～10rad/s，液体回流的流速可调范围为 0～1.5m/s。混肥装置工作时，电磁阀切换水流方向，实现液体回流，启用回流模式；控制搅拌电机带动搅拌桨转动，启用搅拌桨模式；回流模式启用状态下，控制系统控制搅拌电机切换转向，实现搅拌桨的正反转控制，启用搅拌桨叠加回流模式。

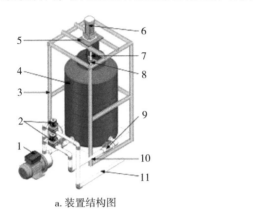
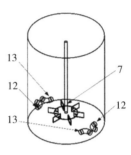

a. 装置结构图　　　　　　　　　　b. 布局示意图

1.水泵；2.电磁阀；3.支架；4.原液桶；5."T"形板；6.电机；7.搅拌桨；
8.轴承；9.球网；10.回流管道；11.出肥管道；12.入口；13.出口

图 2－115　水肥一体化施肥设备示意图

2.10.2.2　数值模型和求解方法

仿真模拟过程中对实际模型进行简化，忽略自由液面对混肥的影响，在三维建模平台下建立混肥装置的几何模型。考虑到搅拌桨和流体的流固耦合作用，搅拌桨的运动通过流体分析软件 Fluent 的用户自定义函数（UDF）进行定义和嵌入。搅拌桨在每个时间步根据预设转速进行位置更新，相对应的流体域网格进行重新划分。采用四面体单元对流体域进行划分，并对搅拌桨和回流口附件进行网格加密，以提升计算的精度和效率。

所涉及的黏性和不可压流体可以采用 Navier－Stokes（N－S）方程来描述。在 Fluent 平台下，采用有限体积方法对 N－S 方程进行离散求解。由于有限体积法可以采用各种不规则控制体单元，因此对处理混肥过程中的复杂动边界问题具有较大优势。N－S 方程见式（2－41）。

$$\rho\left(\frac{\partial u}{\partial t} + u \cdot \nabla u\right) = -\nabla p + \mu \nabla^2 u \qquad (2-41)$$

$$\nabla \cdot u = 0 \qquad (2-42)$$

式中，u 为流场的速度矢量；t 为时间；ρ 为流体密度；p 为流体压强；

μ 为流体的动力学黏度；∇ 为哈密顿算子。实际的肥料溶解混合过程中，不同种类肥料的物理特性差异较大，而本研究重点在于分析混肥过程的流场特性和力学机理，因此在数值建模中将流体作为单相流体来处理，忽略了肥料的溶解和不同组分之间的相互作用。在数值建模中，采用水介质作为研究对象，原液桶和搅拌桨设置为无滑移的固壁边界条件，湍流模型采用 $k-\varepsilon$ 模型。在 $k-\varepsilon$ 模型中湍动能 k 方程以及湍动能耗散率 ε 方程的表达如式（2-43）、式（2-44）所示。

$$\frac{\mathrm{D}(\rho k)}{\mathrm{D}t} = P - \rho\varepsilon + D_k \qquad (2-43)$$

$$\frac{\mathrm{D}(\rho\varepsilon)}{\mathrm{D}t} = C_1 \frac{P\varepsilon}{k} - C_2 \rho \frac{\varepsilon^2}{k} + C_3 \rho\varepsilon(\nabla \cdot u) + D_\varepsilon \qquad (2-44)$$

式中，p 为湍动能生成项；$\mathrm{D}/\mathrm{D}t$ 为物质导数；u 为平均速度矢量；C_1、C_2、C_3 为模型常数；D_k 和 D_ε 为湍动能扩散项，见式（2-45）、式（2-46）。

$$D_k = \frac{\partial}{\partial x_j}\left(\alpha_k \mu \frac{\partial k}{\partial x_j}\right) \qquad (2-45)$$

$$D_\varepsilon = \frac{\partial}{\partial x_j}\left(\alpha_\varepsilon \mu \frac{\partial \varepsilon}{\partial x_j}\right) \qquad (2-46)$$

式中，x_j 代表流道横截面方向分量；μ 为有效黏度系数（$\mu = \nu_0 + \nu_t$，ν_0 是分子黏性系数，ν_t 是涡流黏性系数，$\nu_t = C\mu k^2/\varepsilon$）。

P 是湍动能生成项，计算式见式（2-47）、式（2-48）。

$$P = -\rho u_i u_j S_{ij} \qquad (2-47)$$

$$u_i u_j - \frac{2}{3}k\delta_{ij} = -2\nu_t\left[S_{ij} - \frac{1}{3}(\nabla \cdot \bar{u})\delta_{ij}\right] \qquad (2-48)$$

式中，μ_i、μ_j 代表轴向平均速度分量；$S_{ij} = (\partial u_i/\partial x_j + \partial u_j/\partial x_i)/2$ 为流体的平均应变率张量；δ_{ij} 是克罗内克符号（$i=j$ 时，$\delta_{ij}=1$；$i \neq j$ 时，$\delta_{ij}=0$）；$C\mu$ 是湍流模型经验常数。

在求解过程中，时间项采用一阶全隐格式离散，对流项和黏性项采用二阶迎风离散格式，压力速度耦合算法采用 SIMPLE 算法。搅拌桨的一个旋转时间周期划分为 100 个时间步。

2.10.2.3　数值结果分析

针对中低速搅拌，设置搅拌桨的转速为 2.5rad/s。搅拌桨采用六直叶圆盘涡轮搅拌器，搅拌桨由静止逐渐加速至搅拌速度。流体作用到搅拌桨的转矩如图 2-116 所示。可以看出，搅拌桨上的转矩存在一个逐渐增大的过程，对应了实际搅拌过程中搅拌桨的启动过程；经过 6s 左右的时间，转矩逐渐趋于稳定值，对应了搅拌桨逐渐趋于稳定的搅拌状态。

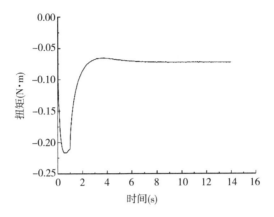

图 2-116 搅拌桨主轴扭矩

2.10.2.4 试验研究与结果分析

为验证数值模型、求解方法和机理分析的合理性，对不同混肥方法进行了试验研究。试验用肥料分别为液态型肥料、固态粉末型肥料、固态颗粒型肥料。试验参数与仿真参数一致，在桶壁距离桶底 60mm、420mm 和 580mm 处分别放置了 EC（电导率）传感器，依次对应原液桶上、中、下 3 个不同位置，用来检测原液桶中肥液 EC 值。基于 MCGS 工控组态软件，搭建了数据采集系统和电机、电磁阀及水泵控制系统，用于数据的采集和不同混肥作业模式的实现。数据采集系统每隔 1s 存储一次数据，记录不同试验过程中原液桶的肥液 EC 值。

（1）液态型肥料混合试验。选用果瑞丰滴灌肥作为试验材料，滴灌参考使用模式为稀释 200~250 倍。根据肥料施用指导方法，150L 水需 5.0kg 肥料进行溶解稀释。试验之前取 50g 试验用液态型肥料溶于 1.5L 清水中，人工充分搅拌后测得溶液的 EC 值稳定在 6.80ms/cm 左右。试验时通过漏斗装置把 5.0kg 液态肥料匀速加入原液桶中，启动混肥装置的回流模式，传感器实时测量原液桶不同位置肥液的 EC 值。由数据采集系统存储数据，做出 EC 值变化曲线，对比液态型肥料在回流模式下原液桶中各个位置 EC 值变化趋势。

在起始阶段，原液桶上、中、下 3 个位置的肥液 EC 值增加均比较明显，底部 EC 值增加最为迅速，中部 EC 值增加速度居中，上部 EC 值增加最为缓慢。液态型肥料相对于清水密度较大，加注到原液桶中之后一边扩散一边沉积，导致原液桶上、中、下各个位置肥液 EC 值均增加明显。原液桶顶部位置仅仅依靠液体扩散来增加肥液浓度，所以肥液 EC 稳定在数值较低的水平。原液桶底部沉积明显，所以底部肥液 EC 增加最为迅速且数值最高。原液桶底部沉积的一部分液态肥在回流的作用下随水流运动，加速液态肥在水中的扩散，导致原液桶底部 EC 数值有所降低，中间位置肥液 EC 增加到一定数值之后也随之缓慢降低。随着回流混肥工作的进行，底部回流在经过一定时间之后逐渐影响到顶部位置，对应试验结果中顶部肥液 EC 在350s 后逐渐增加，直至与底部和中部肥液 EC 值一致。原液桶不同位置肥液 EC 稳定在 6.60ms/cm 左右，与试验前人工充分搅拌测得数据基本吻合，可以认为桶内液态肥已混合均匀。综合考虑肥料混合效率和成本，回流模式更适合于液态型肥料的混合作业。

（2）固态粉末型肥料混合试验。选用硫酸钾水溶肥作为试验材料，产品为袋装白色固体粉末，根据肥料施用指导方法，150L 水需 1.2kg 肥料进行溶解稀释。试验之前取 12g 试验用粉末型肥料溶于 1.5L 清水中，人工充分搅拌后测得溶液的 EC 稳定在 8.70ms/cm 左右。试验时分别进行回流模式混肥试验和搅拌桨模式混肥试验，取 1.2kg 硫酸钾粉末加入注有150L 清水的原液桶中，传感器实时测量原液桶上、中、下 3 个位置的肥液 EC 值。根据 EC 值变化曲线，分析原液桶内肥液 EC 数值变化趋势，对比回流模式和搅拌桨模式下肥液混合特征。

固体粉末型肥料在溶解混合过程中，需要经历先溶解再扩散的过程，较之于液态型肥料溶解混合效率低。由试验结果可以看出，回流模式下固态粉末型肥料和液态型肥料在混合过程中肥液 EC 值变化趋势相似，底部 EC 值增加最为迅速，顶部 EC 值增加最为缓慢，最终 3 个位置的 EC 稳定时达到相同的数值。搅拌桨模式下原液桶内上、中、下 3 个位置肥液 EC 值均增长较快，且迅速趋于一致。对比固态粉末型肥料回流模式和搅拌桨模式试验数据，发现回流模式下原液桶内肥液 EC 值稳定在 5.50ms/cm 左右，搅拌桨模式下原液桶内肥液 EC 值稳定在 8.60ms/cm 左右。搅拌桨模式下最终稳定的 EC 值与试验前人工搅拌测得数值接近，说明回流模式下混肥桶内仍有一部分肥料没有完全溶解，所以固态粉末型肥料适合应用搅拌桨模式进行混肥作业。

（3）固态颗粒型肥料混合试验。选用外形为白色球状颗粒的复合钾肥作为试验材料，根据肥料施用指导方法，150L 水需 1.3kg 肥料进行溶解稀释。试验之前取 13g 试验用颗粒型肥料溶于 1.5L 清水中，人工充分搅拌后测得溶液的 EC 稳定在 8.20ms/cm 左右。分别进行搅拌桨模式混肥试验和搅拌桨—双向回流混肥试验，搅拌桨—双向回流混肥试验每隔 10s 改变一次回流方向。试验时取 1.3kg 复合钾肥，通过漏斗装置匀速加入注有 150L 清水的原液桶中，传感器实时测量原液桶上、中、下 3 个位置的肥液 EC 值。数据采集系统每隔 1s 存储一次数据，分析原液桶内肥液 EC 数值变化趋势，对比搅拌桨模式和搅拌桨—双向回流模式下肥液混合特征。

从试验结果分析，混合开始的一段时间内，原液桶不同位置肥液 EC 均随着混合作业的进行不断增加，最终 EC 数值稳定在 8.20ms/cm 左右。颗粒型肥料加入原液桶中之后，颗粒一边溶解一边沉积，导致原液桶内上、中、下 3 个位置的 EC 值在混合开始的一段时间内有所不同，底部位置肥液 EC 值最高，顶部位置肥料 EC 值最低，中间位置 EC 值居于两者之间。随着混肥作业的进行，肥料颗粒在水中完全溶解，搅拌作用下的水流带动肥液上下运动，最终原液桶中肥液 EC 值趋于一致。搅拌桨—双向回流模式下，每改变一次回流方向，EC 值曲线出现一次波动，说明混肥开始的一段时间内原液桶中存在浓度较高的肥液团体，直至肥液混合均匀，EC 值保持稳定。对比搅拌桨模式和搅拌桨—双向回流模式混肥数值曲线，发现搅拌桨模式下 EC 值在 150s 左右趋于稳定，搅拌桨—双向回流模式下 EC 值在 105s 左右趋于稳定，所以固态颗粒型肥料适合应用搅拌桨—双向回流模式进行混肥作业。

液态易溶型肥料利用其扩散性，轻微搅拌即可达到理想的肥液均匀效果，此时利用回流模式即可满足混肥要求。对于施用低浓度液态易溶型肥料，启用水肥一体化设备时，只需回流功能模块即可，利用原有的泵提供动力，不需要启用其他功能模块，能源消耗成本较低。固态粉末型肥料相对于液态肥溶解难度有所增加，但相对于固态颗粒型肥料溶解难度低。此时利用搅拌桨对液体进行搅拌，搅拌桨形成的轴向和径向的液体速度可以迅速地使肥液趋于均匀状态。这种混肥模式对固态粉末型肥料的混合，是一种较为理想的混肥模式。实际应用中，施用固态粉末型肥料作业时，仅仅启用搅拌桨功能模块即可满足施肥要求。固体颗粒型肥料因其特殊的球形结构，只有外球面可以直接接触水，在溶解过程中需耗费一定的时间。所以固体颗粒型肥料在混肥过程需要先对其球形物理性状进行破坏，增加肥料与水的接触面积加速溶解，再进行整个液体区域的浓度均匀化混合。可以首先采用搅拌桨叠加反向回流的模式进行径向高强度混合，利用正涡与负涡之间的射流使颗粒与桶壁或桨叶碰撞，从而破坏颗粒的球面外形；然后采用搅拌桨叠加同向回流的模式在轴向进行混合，使桶内肥液浓度趋于均匀化。反向和同向交替进行的模式分别完成肥料颗粒破碎溶解和均匀混合的工作，提高混合效率，解决肥料溶解效率低，混合不均的问题。

3 研究总结

第一，设施蔬菜光、温、水、肥、气实时准确获取方面，研发了设施蔬菜生产环境多参数一体化云端智能感知设备及基于 MQTT 协议的农业物联网网关设备，可实现土壤温度、土壤水分、空气温湿度等多个参数自动采集、自动记录、实时传输等功能。研发了基于物联网的设施蔬菜环境精准监测与调控云平台，以及基于移动互联网的专用 App 软件，实现蔬菜产业生产现场环境/作物生理信息的实时监测、视频监控，并对生产现场光、温、水、肥、气等参数进行远程调控功能。通过"蔬菜物联网测控平台"可帮助农业生产者随时随地掌握蔬菜作物的生长状况及环境信息变化趋势，为用户提供高效、便捷的蔬菜生产服务。"蔬菜物联网管理平台"将数据与蔬菜生产联系在一起，通过对数据的分析和评价，为农户提供管理支持。

第二，设施蔬菜关键环境因子识别与精准调控模型方面，提出了一种设施蔬菜病斑图像快速分割方法，将超红特征（ExR）、H 分量和 $b^\square$ 分量 3 种颜色特征结合，通过设置 ExR 参数，克服光照条件不均匀对病斑分割的影响，在此基础上改进传统区域生长算法，通过交互式选择种子生长点的方法进行病斑提取，克服了复杂背景对病斑分割的影响，该方法能够快速、准确地获取设施蔬菜病害信息，为进一步病害识别提供良好的数据；提出了一种基于卷积神经网络的设施蔬菜病害识别方法，针对设施蔬菜病害识别的特点，利用病斑图像分割获取的单个病斑图像构建模型训练、测试数据集，并采用数据增强算法对数据集进行扩充，基于梯度下降算法和迁移学习，构建适用于设施蔬菜病害识别的深度卷积神经网络结构及训练网络模型，从而进一步提高设施蔬菜病害识别方法的适用性，拓展设施蔬菜病害识别范围；提出了一种温室黄瓜霜霉病定量诊断方法，利用温室黄瓜霜霉病叶片作为输入，定量计算病斑面积占叶面面积的比例，实现了病害严重度的定量估算；通过实地仪器测量棚内不同高度、跨度温度以及土壤不同深度温度数据得出，在夏季高温条件下，3 座塑料大棚平均最高温度表现为 WE15 – 5 > WE13 – 7 > NS10 – 10，3 座大棚土壤温度在地下 10cm 与地下 20cm 均表现为 WE15 – 5 > WE13 – 7 > NS10 – 10，典型晴天条件下，3 座大棚以 WE15 – 5 温度最高，WE13 – 7 次之，NS10 – 10 大棚最低，考虑到夏季高温天气需要大棚具有一定的降低空气温度以及土壤温度的能力，3 座大棚的夏季通风降温效果以 NS10 – 10 最为优异，且温度分布最为均匀；在冬季低温条件下，3 座大棚通过外保温措施使棚内温度明显高于室外，平均最高温度表现为 WE13 – 7 > WE15 – 5 > NS10 – 10，WE13 – 7

同样对土壤有良好的保温作用，保温效果以 WE13 –7 最为优越；对 3 座大棚分别建立了 CFD 模型并对内部温度场及气流场进行了仿真模拟，结果表明，在大棚的通风口均为最大开度的条件下，利用 Fluent 计算的模拟值与实地测量的真实值吻合良好，WE13 –7 的温度模拟值与真实值的绝对偏差在 0.05 ~ 2.71℃，RMSE 为 0.846 7℃；WE15 – 5 的温度模拟值与真实值的绝对偏差在 0.2 ~ 2.4℃，RMSE 为 0.725 3℃；NS10 – 10 的温度模拟值与真实值的绝对偏差在 0.1 ~ 1.7℃，RMSE 为 0.726 5℃，可以为其他边界条件下的棚内环境进行预测，为结构参数的优化提供参考；大棚内部空气在接受太阳辐射能量之后升高，进风口处温度低于出风口处温度，高度方向上随高度增加温度呈现梯度变化，气流分布较为均匀，室外空气进入棚内后形成涡流，棚内气流流动良好；通过 ANSYS 分析软件利用命令流对 3 座塑料大棚进行了相关应力分析，结果表明，在自重、保温被荷载、50 年一遇风雪荷载共同作用下，WE13 –7 左风条件下无柱模型的最大水平、垂直位移均超过规范要求，右风条件下无柱模型的垂直位移超过规范要求，左风无柱条件下超过了最大抗压强度设计值；WE15 –5 左风条件下无柱模型均超过规范要求，左风无柱以及右风有柱、右风无柱条件下均超过最大抗压强度设计值，NS10 – 10 在所有模拟的不同工况下均复合设计规范，说明“10 + 10”大棚结构最为稳定，适宜推广应用。

第三，设施蔬菜环境精准调控智能装备与控制技术研究方面，研究建立了渐进调控式智能通风控制系统，渐进调控式通风相比于人工通风可以更好地控制温室内温度，尤其可以避免通风口开启与关闭前后一段时间内的温度忽升忽落，在实现温度缓慢变化的同时，进一步提高了控制的精度；建立了设施水肥混合的流固耦合数值模型，液态易溶型肥料利用搅拌桨模式就可以达到较好的混合效果；固态粉末型肥料利用搅拌桨同向混合模式能够满足肥液混合要求；难溶的固态颗粒型肥料利用“搅拌桨—双向回流”模式进行混合作业，先利用“搅拌桨—双向回流”反向模式在桨叶周围的强化剪切作用对颗粒进行破坏，再利用“搅拌桨—双向回流”同向模式强化整体混合均匀度对整个流体域进行混合，结果表明“搅拌桨—双向回流”模式适用于固态颗粒型肥料的混合作业；研究建立了温室大棚智能通风控制系统、温室大棚智能遮阳和补光控制系统、设施蔬菜环境智能一体化控制器以及水肥一体精量施用精准调控装备，实现对设施蔬菜作物各生长阶段内生长环境的精确控制。

参考文献

车忠仕，佟国红，王铁良，等，2005. 典型天气下大跨度日光温室内的微气候特点 [J].
　　沈阳农业大学学报，36（4）：462 - 465.

程秀花，毛罕平，倪军，2010. 基于 CFD 的自然通风玻璃温室湿热环境模拟与测试 [J]. 扬
　　州大学学报（农业与生命科学版），31（3）：90 - 94.

程秀花，毛罕平，倪军，2011. 温室环境 - 作物湿热系统 CFD 模型构建与预测 [J]. 农
　　业机械学报，42（2）：173 - 179.

崔世茂，陈源闽，霍秀文，等，2005. 大棚型日光温室设计及光效应初探 [J]. 农业工
　　程学报，21（S2）：214 - 217.

何科奭，陈大跃，孙丽娟，等，2017. 不同风况和开窗配置对夏季单栋塑料温室微气候
　　的影响 [J]. 农业机械学报，48（12）：311 - 318，339.

侯翠萍，马承伟，2007. FLUENT 在研究温室通风中的应用 [J]. 农机化研究（7）：5 - 9.

黄震宇，高浩天，朱森林，等，2017. 南方连栋塑料温室夏季机械通风优化设计 [J].
　　农业机械学报，48（1）：252 - 259，182.

贾士伟，李军民，邱权，等，2015. 基于激光测距仪的温室机器人道路边缘检测与路径
　　导航 [J]. 农业工程学报，31（13）：39 - 45.

贾士伟，李军民，邱权，等，2015. 温室自动化与机器人的应用 [J]. 北方园艺（14）：
　　194 - 196.

孔维蓉，何培祥，李博，等，2015. 玻璃温室棚顶清洗机设计 [J]. 江苏农业科学，43
　　（9）：429 - 431.

李井祝，王鹏，耿长兴，2017. 基于图像处理的黄瓜霜霉病情评估 [J]. 中国农机化学
　　报，38（6）：67 - 71.

李胜利，季军，孙治强，等，2008. 巨型塑料大棚温度性能研究 [J]. 中国农业气象，
　　29（1）：58 - 61.

李玮瑶，王建玺，王巍，2015. 基于 ZigBee 的蔬菜大棚环境监控系统设计 [J]. 现代电
　　子技术，38（12）：51 - 54.

李长春，牛庆林，杨贵军，等，2017. 基于无人机数码影像的大豆育种材料叶面积指数
　　估测 [J]. 农业机械学报，48（8）：147 - 158.

刘妍华，曾志雄，郭嘉明，等，2015. 增施 CO_2 气肥对温室流场影响的数值模拟及验证 [J]. 农业工程学报，31（12）：194-199.

刘渊，王瑞智，杨泽林，2014. 基于物联网的连栋蔬菜温棚环境监测系统设计 [J]. 农机化研究（1）：121-126.

陆大同，2015. 基于 ARM11 处理器的蔬菜大棚温湿监控系统设计 [J]. 柳州师专学报，30（3）：135-138.

马浚诚，杜克明，郑飞翔，等，2018. 基于卷积神经网络的温室黄瓜病害识别系统 [J]. 农业工程学报，34（12）：186-192.

马浚诚，杜克明，郑飞翔，等，2018. 基于卷积神经网络的温室黄瓜病害识别系统 [J]. 光谱学与光谱分析，34（12）：186-192.

马浚诚，温皓杰，李鑫星，等，2017. 基于图像处理的温室黄瓜霜霉病诊断系统 [J]. 农业机械学报，48（2）：195-202.

彭占武，司秀丽，王雪，等，2013. 基于计算机图像处理技术的黄瓜病害特征提取 [J]. 中国农机化学报（2）：212-216.

邱权，韩建达，2011. 用于室外移动机器人实时自主导航的2.5维角度试场法 [J]. 中国科学：信息科学，41（7）：875-891.

任守纲，杨薇，王浩云，等，2015. 基于 CFD 的温室气温时空变化预测模型及通风调控措施 [J]. 农业工程学报，31（13）：207-214.

沈明卫，郝飞麟，2006. 自然通风下栽培番茄的单栋温室内气流场稳态模拟 [J]. 农业机械学报，37（5）：101-105.

石建飞，汪东欣，田芳明，等，2013. 基于 MSP430F169 的蔬菜大棚多点无线温湿度检测系统设计 [J]. 湖北农业科学，52（9）：1435-1438.

隋嫒嫒，王庆钰，于海业，2016. 基于叶绿素荧光光谱指数的温室黄瓜病害预测 [J]. 光谱学与光谱分析，36（6）：1779-1782.

孙俊，谭文军，毛罕平，等，2017. 基于改进卷积神经网络的多种植物叶片病害识别 [J]. 农业工程学报，33（19）：209-215.

佟国红，李天来，王铁良，等，2004. 大跨度日光温室室内微气候环境测试分析 [J]. 华中农业大学学报，22（1）：67-73.

汪小旵，丁为民，罗卫红，等，2004. 利用 BP 神经网络对江淮地区梅雨季节现代化温室小气候的模拟与分析 [J]. 农业工程学报，20（2）：235-238.

魏琴芳，马骥，2006. 对日光温室发展中土地利用率的探讨 [J]. 农业工程技术（温室园艺）（8）：22-23.

温皓杰，张领先，傅泽田，等，2010. 基于 Web 的黄瓜病害诊断系统设计 [J]. 农业机械学报，41（12）：178-182.

吴锦玉，刘晓龙，柏延臣，等，2019. 基于 GF-2 数据结合多纹理特征的塑料大棚识别 [J]. 农业工程学报，35（12）：173-183.

伍德林，汤庆，朱世东，等，2012. 新型双层塑料大棚外层棚结构设计与 ANSYS 稳定性分析 ［J］. 上海农业学报，28（4）：100 – 105.

武莹，李建明，肖金鑫，等，2019. 新型大跨度非对称塑料大棚内冬季温光变化特征研究 ［J］. 西北农林科技大学学报（自然科学版），47（6）：97 – 106.

杨冬艳，郭文忠，张丽娟，等，2010. 不同结构日光温室冬季温光环境测试分析 ［J］. 农业工程技术（温室园艺）（2）：18 – 21.

杨文雄，马承伟，2005. 温室跨度对日光温室光照环境的影响模拟研究 ［J］. 农机化研究（9）：70 – 72.

叶海建，郎睿，2017. 基于 Android 的自然背景下黄瓜霜霉病定量诊断系统 ［J］. 农业机械学报，48（3）：24 – 29.

张红，2013 – 10 – 23. 一种智能蔬菜温室卷帘机 ［P］. 中国专利：201320266190. 2.

张锐，2013. 日光温室机械化作业量不足应予重视 ［J］. 农机科技推广（9）：40 – 40.

张师帅，2011. 计算流体动力学及其应用——CFD 软件的原理与应用 ［M］. 武汉：华中科技大学出版社.

张艺萌，2018. 寒地水稻育秧大棚自然通风条件下的 CFD 流场分析 ［J］. 农机化研究，40（7）：19 – 23.

张永钦，陈希锋，2015. 推广大棚蔬菜生产机械化技术的实践与思考 ［J］. 现代农机（2）：20 – 22.

赵丽丽，刘成忠，2014. 基于物联网的蔬菜大棚环境监控系统设计 ［J］. 甘肃农业大学学报，42（1）：151 – 155.

郑毅，李少远，2013. 网络信息模式下分布式系统协调预测控制 ［J］. 自动化学报，39（11）：1778 – 1786.

中华人民共和国住房和城乡建设部，2012. 建筑结构荷载规范（GB 50009—2012）［S］. 北京：中国建筑工业出版社.

周升，张义，程瑞锋，等，2016. 大跨度主动蓄能型温室温湿环境监测及节能保温性能评价 ［J］. 农业工程学报，32（6）：218 – 225.

周伟，汪小显，2013. 南方梅雨季节下 Venlo 型温室小气候数值模拟研究 ［J］. 农机化研究（9）：190 – 193.

周长吉，刘晨霞，2009. 提高日光温室土地利用率的方法评析 ［J］. 中国果菜（5）：16 – 20.

BAI X, LI X, FU Z, et al. , 2017. A fuzzy clustering segmentation method based on neighborhood grayscale information for defining cucumber leaf spot disease images ［J］. Computers and Electronics in Agriculture, 136：157 – 165.

BARBEDO J G A, 2016. A review on the main challenges in automatic plant disease identification based on visible range images ［J］. Biosystems Engineering, 144：52 – 60.

BARRÉ P, STÖVER B C, MÜLLER K F, et al. , 2017. LeafNet：a computer vision system for automatic plant species identification ［J］. Ecological Informatics, 40：50 – 56.

BENNI S, TASSINARI P, BONORA F, et al. , 2016. Efficacy of greenhouse natural ventila-
tion: environmental monitoring and CFD simulations of a study case [J]. Energy and Build-
ings, 125: 276 – 286.

BOCK C H, COOK A Z, PARKER P E, et al. , 2009. Automated image analysis of the severi-
ty of foliar citrus canker symptoms [J]. Plant Disease, 93: 660 – 665.

BOURNET P. E. , BOULARD T, 2010. Effect of ventilator configuration on the distributed cli-
mate of greenhouses: a experimental and CFD studies [J]. Biosystems Engineering, 74
(2): 195 – 217.

BRUGGER M, MONTERO J, 2003. Computational fluid dynamic modeling to improve the de-
sign of the design of the Spanishparral style green – house [R]. Acta Horticulturae, 691
(1): 425 – 431.

DING W, TAYLOR G, 2016. Automatic moth detection from trap images for pest management
[J]. Computers and Electronics in Agriculture, 123: 17 – 28.

DORJ U O, LEE M, YUN, S, 2017. An yield estimation in citrus orchards via fruit detection
and counting using image processing [J]. Computers and Electronics in Agriculture, 140:
103 – 112.

DU K, SUN Z, LI Y, et al. , 2016. Diagnostic model for wheat leaf conditions using image fea-
tures and a support vector machine [J]. Transactions of the Asae American Society of Agri-
cultural Engineers, 59: 1041 – 1052.

DYRMANN M, KARSTOFT H, MIDTIBY H S, 2016. Plant species classification using deep
convolutional neural network [J]. Biosystems Engineering, 151: 72 – 80.

FERENTINOS K P, 2018. Deep learning models for plant disease detection and diagnosis [J].
Computers and Electronics in Agriculture, 145: 311 – 318.

GHAZI M M, YANIKOGLU B, APTOULA E, 2017. Plant identification using deep neural networks
via optimization of transfer learning parameters [J]. Neurocomputing, 235: 228 – 235.

GONZALEZ R, RODRIGUEZ F, GUZMAN J L, et al. , 2014. Robust constrained economic re-
ceding horizon control applied to the two time – scale dynamics problem of a greenhouse [J].
Optimal Control Applications and Methods, 35 (4): 435 – 453.

GRINBLAT G L, UZAL L C, LARESE M G, et al. , 2016. Deep learning for plant identifica-
tion using vein morphological patterns [J]. Computers and Electronics in Agriculture, 127:
418 – 424.

HE X L, WANG J, GUO S R, et al. , 2018. Ventilation optimization of solar greenhouse with re-
movable back walls based on CFD [J]. Computers and Electronics in Agriculture, 149: 16 – 25.

KRIZHEVSKY A, SUTSKEVER I, HINTON G E, 2012. ImageNet classification with deep
convolutional neural networks [C]// Advances in Neural Information Processing SyStems:
1097 – 1105.

LIN K H, HUANG M Y, HUANG W D, et al. , 2013. The effects of red, blue, and white light – emitting diodes on the growth, development, and edible quality of hydroponically grown lettuce (*Lactuca sativa* L. var. *capitata*) [J]. Scientia Horticulturae, 150: 86 – 91.

MA J, DU K, ZHANG L, et al. , 2017. A segmentation method for greenhouse vegetable foliar disease spots images using color information and region growing [J]. Computers and Electronics in Agriculture 142: 110 – 117.

MA J, LI X, WEN H, et al. , 2015. A key frame extraction method for processing greenhouse vegetables production monitoring video [J]. Computers and Electronics in Agriculture, 111: 92 – 102.

MAHLEIN A K, 2016. Plant disease detection by imaging sensors – parallels and specific demands for precision agriculture and plant phenotyping [J]. Plant Disease, 100: 1 – 11.

MARTINEAU V, LEFSRUD M, NAZNIN M T, et al. , 2012. Comparison of lighte – mitting diode and high – pressure sodium light treatments for hydroponics growth of Boston lettuce [J]. HortScience, 47 (4): 477 – 482.

MOBTAKER H G, AJABSHIRCHI Y, RANJBAR S F, et al. , 2016. Solar energy conservation in greenhouse: thermal analysis and experimental validation [J]. Renewable Energy, 96 (1): 509 – 519.

MUTKA A M, BART R S, 2015. Image – based phenotyping of plant disease symptoms [J]. Frontiers in Plant Science, 5: 1 – 8.

OKUSHIMA L, SASE S, NARA M, 1989. A support system for natural ventilation design of Greenhouses based on computational aerodynamics [J]. Acta Horticulturae, 284: 129 – 136.

PETHYBRIDGE S J, NELSON S C, 2015. Leaf Doctor: a new portable application for quantifying plant disease severity [J]. Plant Disease, 99: 1310 – 1316.

ROY J C, BOULARD T, 2005. CFD prediction of the natural ventilation in a tunnel – type green – house: influence of wind direction and sensibility to turbulence models [J]. Acta Horticulturae (1): 457 – 464.

SEGINER I, VAN STRATEN G, VAN BEVEREN P J , 2017. Day – to – night heat storage in greenhouses: 2 sub – optimal solution for realistic weather [J]. Biosystems Engineering, 161: 188 – 199.

SETHI V P , 2009. On the selection of shape and orientation of a greenhouse: thermal modeling and experimental validation [J]. Solar Energy, 83 (1): 21 – 38.

SINGH D, BASU C, MEINHARDT – WOLLWEBER M, et al. , 2015. LEDs for energy efficient greenhouse lighting [J]. Renewable & Sustainable Energy Reviews, 49: 139 – 147.

STEWART E L, MCDONALD B A, 2014. Measuring quantitative virulence in the wheat pathogen zymoseptoria tritici using high – throughput automated image analysis [J]. Phytopathology, 104: 985 – 992.

TAP R F, 2000. Economics – based optimal control of greenhouse tomato crop production ［D］. The Netherlands: Wageningen University.

VAN BEVEREN P J M, BONTSEMA J, VAN STRATEN G, et al. , 2015. Optimal control of greenhouse climate using minimal energy and grower defined bounds ［J］. Applied Energy, 159: 509 – 519.

VAN HENTEN E J, BONTSEMA J, 2009. Time – scale decomposition of an optimal control problem in greenhouse climate management ［J］. Control Engineering Practice, 17 (1): 88 – 96.

VAN STRATEN G, VAN WILLIGENBURG G, VAN HENTEN E, et al. , 2011. Optimal control of greenhouse cultivation ［M］. USA: CRC Press.

VAN WILLIGENBURG L G, VAN HENTEN E J, VAN MEURS W T H M, 2001. Three time-scale digital optimal receding horizon control of the climate in a greenhouse with a heat storage tank ［J］. IFAC Proceedings, 149 – 154.

VELEZ – RAMIREZ A I, VANLEPEREN W, VREUGDENHIL D, et al. , 2011. Plants under continuous light ［J］. Trends in Plant Science, 16 (6): 310 – 318.

WANG T, WU G, CHEN J, et al. , 2017. Integration of solar technology to modern greenhouse in China: Current status, challenges and prospect ［J］. Renewable & Sustainable Energy Reviews, 70: 1178 – 1188.

WEI Y, CHANG R, WANG Y, et al. , 2012. Computer and Computing Technologies in Agriculture V ［M］. Springer Berlin Heidelberg: 201 – 209.

XU D, DU S, VAN WILLIGENBURG G , 2018a. Adaptive two time – scale receding horizon optimal control for greenhouse lettuce cultivation ［J］. Computers and Electronics in Agriculture, 146: 93 – 103.

XU D, DU S, VAN WILLIGENBURG L G, 2018b. Optimal control of Chinese solar greenhouse cultivation ［J］. Biosystems Engineering, 171: 205 – 219.

ZHANG C, PHAM M, FU S, et al. , 2018. Mathematical Programming, 169 (1): 277 – 305.

ZHANG S, WU X, YOU Z, et al. , 2017. Leafimage based cucumber disease recognition using sparse representation classification ［J］. Computers and Electronics in Agriculture, 134: 135 – 141.

ZHANG S, ZHU Y, YOU Z, et al. , 2017. Fusion ofsuperpixel, expectation maximization and PHOG for recognizing cucumber diseases ［J］. Computers and Electronics in Agriculture, 140: 338 – 347.